やりすぎ いきもの図鑑

監修：今泉忠明

宝島社

はじめに
やりすぎ　いきもの図鑑の世界へ、ようこそ

この本は、驚異のいきものの世界を紹介する本です。地球上には、非常に多くのいきものがいます。動物だけでも130万種類を超えるといわれています。

しかし、私たちの知っているいきものはせいぜい数十種類。パッと思いつくのは、犬、猫、ライオン、カラス、ツバメ、すずめ、カブトムシ、ダンゴムシetc. それほど多くはありません。なおかつ、それらのいきものの生態をどこまで知っているかというとほとんど知らないといったほうがいいと思います。

なぜ、大人の猫は鳴くの？　すずめはどこで寝るの？　ダンゴムシの食べ物は？

答えられる人は多くいません。ちなみに、大人の猫の鳴く理由は、幼児化です。基本的に大人の猫は鳴きません。鳴くと居場所がばれて危険だからです。しかし、飼い猫は鳴きますよね。それは飼い主に甘えているから、飼い主にやってほしいこと

があるからです。野生の大人の猫は、なんでも自分でするので、鳴くことはないのです。

鳴くのは子猫だけ。母猫に甘えて、育ててもらっているのです。だから、飼い主に鳴く猫は幼児化、子猫化しているといえるのです。

ちなみに、すずめの寝床は人の目に付かない木陰。ダンゴムシの食べ物は土です。コンクリートも食べます。

なお、ダンゴムシがコンクリートを食べる理由は、この本の中に書いてあるので、読んでください。

もちろん、これらのことを知っている人もいると思いますが、そのいきものの生態は、私たちが想像する以上に、多彩で、驚きに満ちています。

そんな、驚異のいきものの世界に案内しましょう。

『やりすぎ　いきもの図鑑』編集部

やりすぎ いきもの図鑑 目次

第2章 進化しすぎて、トホホのいきものたち

第3章　驚異、そこまでするか、いきものたち

第4章 進化しすぎて、危機一髪のいきものたち

第5章 進化の不思議、なぜそうなるの？

序章　進化のなぞ

進化は突然変異と自然淘汰で起こります

あくまで進化は偶然の産物です。意識して進化はできません。チーターは陸上を走る動物として世界最速ですが、世界最速になろうと思って世界最速になったわけではありません。人間だってそうです。二足歩行になろうと思って、二足歩行になったわけでもありません。

確かに、サニーブラウンは日本最速の男です（2019年7月7日現在）。彼は、最速の男になろうと思って、毎日、毎日、厳しい練習をして、最速の男になりました。これは、どんなスポーツ選手にもいえることです。

そして、それはスポーツに限らず、学問や、仕事でも、誰もが成果をあげようと意図して、努力して成果をあげています。し

かし、これらはあくまで人間という遺伝子の範囲中で、できることをやっているにすぎません。
鳥のように空を飛んだり、チーターのように時速１００㎞以上のスピードで走ったりは絶対にできません。

いきものの特性を決めているのは遺伝子

そして、そのような人間の、人間に限らずすべてのいきものの特性をきめているのが、遺伝子です。

アルビノという遺伝子のなせる業があります。この本でもホワイトライオンのところで触れていますが、いきものに色をつけるメラニンを欠落させてしまう遺伝子疾患にひとつです。

これは、ライオンに限らず、人間にも、他のいきものにもあります。アルビノは遺伝子疾患といいますが、あくまでメラニンを持っている側から見て、遺伝子疾患にしかすぎず、単なる突然変異です。

では、なぜ、そのようなアルビノが生まれるのでしょうか。これはわかりません。しかし、アルビノのホワイトライオンは自然界では生き残れません。なぜなら、目立ちすぎるからです。サバンナの茶色の世界では、白いライオンは目だってしまい、他の捕食動物に食べられたり攻撃されたりします。

突然変異が環境にふさわしいか

これが進化です。進化は遺伝子の突然変異です。遺伝子の突然変異が起こり、それが、環境とうまく合えば、生き残れますが、アルビノのように環境に合わなければ淘汰されます。

ただし、突然変異は一瞬で起こりますが、いきものの特性をかえ、それが地球の環境に適合するかどうかがわかるには、非常に長い時間がかかります。何千年、何万

年もかかる場合もあります。

そして、突然変異が起こっても、進化にほとんど意味を持たない場合も多くあります。人間には下戸の人がいます。アルコールがまったく飲めない人です。それは、アルコールを分解処理する能力がない人です。このアルコールを飲めない人の割合が、日本人の場合、かなり高いそうです。

意味のある突然変異 意味のない突然変異

アルコールが飲めない人は東南アジアや中国の福建省あたりにもある程度いて、特に福建省ではその割合が増えるそうです。

そのような状況から下戸の人は東南アジアで生まれ、福建省で増え、日本に渡ってきたのではないかと考える人もいます。福建省で増えた原因は、いまは存在しない風土病にあるといいます。下戸の人は、アルコールを飲むと非常に頭が痛くなります。

その激痛が起きるときに発する物質が、風土病の病原体をやっつけたのではないかというのです。そして、下戸の人は風土病に勝って、人数を増やしたのです。

一方、下戸でない人は、激痛は起きませんので、その物質は発生しません。そのため、風土病に勝つことができず、人数を減らしたのではないかというのです。

いまは、その風土病は存在しません。したがって、下戸の人の持つ特性は、あまり意味のないものになっています。確かに、アルコールを飲まないので、その費用がかからないというメリットはあるでしょうが。

突然変異が起きても、あまり意味のない変化はあります。また、昔は意味があっても、いまは、あまり意味のないものもあります。

この本では、そのような進化のなぞに迫ります。

第1章

進化しすぎのいきものたち

あっと驚く進化。そんな驚きの
進化をとげたいきものを紹介。
知っているいきものにも、
知らない進化の秘密があります。

真夏でも真冬でも80㎞で走るため！異様に大きくなったサイガの鼻

ジェットエンジンみたいな鼻を持つサイガ。体の割には異様な大きさです。でも、この鼻には理由があります。それは時速80㎞のスピードで、真夏でも真冬でも走り続けるため。

サイガが棲む中央アジアは世界でもっとも寒暖差が激しい場所。冬は氷点下20度なのに、夏の最高気温は50度にもなります。この環境に適応したのがサイガの鼻。鼻の中の血管は網の目のようになっており、夏は巨大な鼻から吸った空気でその血液を冷やし脳や体を冷やします。逆に冬は吸った空気で血管を温めます。これで真夏でも真冬でも80㎞のスピードで走れるのです。

いきものデータ

- 名前　サイガ
- 分類　ほ乳類
- 生息地　中央アジアの草原
- 大きさ　体長1～1.5m

エアコン機能
付きの鼻

聴力がすごすぎるフクロウ。獲物を見つけるために顔でも音を聞く

コミカルで愛くるしい顔のフクロウですが、実はかなりのハンターです。しかし、なんであんな偏平な顔をしているのでしょう。その秘密は聴力にあります。

パッと見た目ではわかりませんが、多くのフクロウの耳の位置は左右で違います。片方の耳のほうが一方より少し下にあります。これによって音を立体的にとらえて、獲物の位置を正確に知ることができます。

さらに、顔全体に生えている羽毛も音を聞くために発達しました。平面の顔に生えている羽毛が音を捉え、耳に伝えます。顔全体が耳たぶみたいなもの。この聴力でフクロウは獲物を捕らえるのです。

いきものデータ

- □**名前**　フクロウ
- □**分類**　鳥類
- □**生息地**　九州以北の森林、留鳥
- □**大きさ**　全長43〜60cm

優れた聴力は左右の耳の高さが違うからよ！
右耳
左耳

とことん派手にしてみた！ガニソンキジオライチョウ

ガニソンキジオライチョウの求愛行動は数百羽が集まって行われます。そのため、オスのライチョウはめいっぱい胸を大きく見せて、羽をキジのようにひろげてアピールします。目立てば目立つほど、雌の相手が見つかるので、このライチョウは普段から非常に派手です。それも競争相手が数百羽もいますから中途半端では勝てません。とことん派手なのです。

普通のライチョウは保護色になっていて、冬は白、夏は土色（茶色）であえて地味なのですが、このライチョウだけは別。だから目立って天敵に狙われますが、それより、繁殖を選んだのです。

いきものデータ

- □**名前**　ガニソンキジオライチョウ
- □**分類**　鳥類
- □**生息地**　アメリカ西部
- □**大きさ**　全長55～80㎝（キジオライチョウ）

これはやりすぎた……

この体で驚異のジャンプ力！

ココノオビアルマジロ

見た目からすると、かなりやりすぎ感のある動物です。まず、泳ぎが得意なこと。硬いよろいで覆われているので、泳ぎなんてムリムリって感じがしますが、動物で唯一、腸に空気をためることができます。腸に空気をためて、川を自由に泳ぎます。また、潜水も得意で6分間も呼吸を止めることができるのです。さらに極め付けがジャンプ力。敵に襲われると垂直方向におよそ1mもジャンプして、相手が驚いているうちに逃げていきます。体の約2倍のジャンプ力です。それでも相手が襲ってくると首などをよろいに引っ込めて身を守るのです。

いきものデータ

□名前　ココノオビアルマジロ
□分類　ほ乳類
□生息地　北アメリカ南部、南アメリカの森や草原
□大きさ　体長36〜57cm

ひえ〜〜
ピョーン

実は超便利な耳！

フェネック

イヌ科のなかまフェネック。イヌ科の中では比較的小さくてイエネコ程度しかありませんが、耳は10㎝以上あり、イヌ科の中でも最大級です。さて、その使い道ですが、もちろん耳ですから聴力が優れています。

フェネックは北アフリカの砂漠地帯にいます。その砂漠の下から聞こえてくる獲物の音を捉えます。それだけではありません。その大きな耳から熱を逃がしているのです。フェネックは夜行性で、昼は日の入らない巣穴にいることが多いのですが、たまに日光浴もします。そんなときも、この耳で砂漠の暑さにも耐えることができるのです。

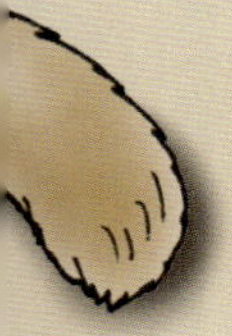

いきものデータ

- 名前　フェネック
- 分類　ほ乳類
- 生息地　アフリカ北部の砂漠
- 大きさ　体長25〜40cm

耳から熱を放出中

美しすぎ、なのに、力ありすぎのグラスウィングバタフライ

「小さな鏡」とも呼ばれる透明のガラスのような羽を持つ蝶がグラスウィングバタフライ。中米のメキシコからアメリカにかけて生息しています。透明な羽が太陽にきらめき、空に舞う姿は輝く水面のよう。空とぶ宝石ともいわれます。羽が透明なのは、保護色の代わりといわれ、透明になることで背景に溶け込んでいるのです。

しかし、見た目は体を表さず。かなりのパワーの持ち主です。なんと、自分の体重の40倍のものを持ち上げることができる力を持っています。美しすぎ、なのに、力ありすぎのバタフライなのです。現代の美女アスリートみたいですね。

いきものデータ

□**名前** グラスウィングバタフライ
□**分類** 昆虫類
□**生息地** メキシコ、パナマ、コロンビアからアメリカ・フロリダ州
□**大きさ** 5.6～6.1cm（翅の大きさ）

島嶼矮小化の代表、ここまで小さくなった
ミクロヒメカメレオン

指先に乗る世界最小のカメレオンがミクロヒメカメレオンです。見つかったのはマダガスカル北部の小さな無人島ノシ・ハラ。成体でも鼻先から尾の先までわずか約29㎜。オスだと約16㎜しかありません。

マダガスカルには約70種類ものカメレオンがいます。そのうち、ミクロヒメカメレオンはマダガスカル北西部にあるノシ・ベ島のミニマヒメカメレオンが、ノシ・ハラ島でより小さくなったと考えられています。このように島でいきものが極端に小さくなるのを「島嶼矮小化」と呼びます。小さくなる理由のひとつは、資源が限られているから。それにしても小さくなりすぎ！

いきものデータ

- □**名前**　ミクロヒメカメレオン
- □**分類**　は虫類
- □**生息地**　マダガスカル沿岸のノシ・ハラ島
- □**大きさ**　全長16～29mm

ちょこん

口がここまでひろがるか！エイリアンフィッシュ

この魚の最大の特徴は、自分の顔の倍以上に広がる巨大な口。その姿が映画『プレデター』の宇宙生命体に似ているので、エイリアンフィッシュと名づけられました。

繁殖期になると、オスは

いきものデータ

□**名前**　サーカスティックフリンジヘッド
□**分類**　魚類
□**生息地**　太平洋、北アメリカの海岸
□**大きさ**　体長8〜30cm程度

この大きな口を武器に激しいバトルを繰り広げます。普段は岩や貝殻の中に隠れていますが、ライバルが来ると出てきて大きな口をあけて威嚇します。また、繁殖期にはダンスをして、メスの気をひこうとするオスもいます。食性ははっきりしません。しかし、鋭い歯と近い種から食べ物は甲殻類ではないかと考えられています。人間に噛みつくこともあるので注意です。

人間の目より350倍も光に敏感
マダガスカルヘラオヤモリ

いきものデータ

- □名前　マダガスカルヘラオヤモリ
- □分類　は虫類
- □生息地　マダガスカル東部の雨林
- □大きさ　全長22～30cm

マダガスカルの熱帯の森でしか見ることのできないヤモリです。絵のように非常に独特で個性的な大きな目を持っています。この目は人間より350倍も光に敏感で、真っ暗な世界でも色を感じることができます。

　さらに、普段は木にへばりついて樹皮に擬態していますが、身に危険を感じると口を大きく開いて鳴き声を上げ相手を威嚇します。口を閉じていると長く平らな顔ですが、突然、大きく口を開けられると、目の大きさもあいまって、威嚇には効果的でしょう。

　体の大きさは20～33㎝ほどです。絵では隠れていますが、尻尾がヘラ状になっていて、体と同じぐらいあります。

外敵にやられないために粘液の寝袋まで作った！

アオブダイ

いきものにとって寝るときが一番危険。そのため、多くのいきものが睡眠時に防御策をこうじます。アオブダイの防御策は寝るときに粘液で作った寝袋につつまれることです。

寝袋はゼリー状で岩場でもクッション代わりになります。さらに天敵であるウツボに察知されることが少なくなります。アオブダイの匂いが寝袋で外に出ないからです。そして、極め付けは寄生虫からの防御。ウミクワガタという甲殻類の子どもがアオブダイにとりついて血を吸います。この外敵から身を守る、人間でいう蚊帳にあたるのがアオブダイの寝袋でもあるのです。

いきものデータ

- □**名前** アオブダイ
- □**分類** 魚類
- □**生息地** 千葉県~高知県、山口県、九州、トカラ列島など、東シナ海、南シナ海など
- □**大きさ** 体長65cm

Z
Z
z……
Z
Z
z……

コンクリートまでも食べてしまうダンゴムシ

触ると丸まってコロコロころがるので、思わず遊んだことのある方も多いでしょう。それがダンゴムシです。丸まるのは硬い鎧で腹部を守るため。この硬い鎧は、カルシウムでできています。これが、ダンゴムシがコンクリートを食べる理由です。

ダンゴムシはコンクリートやレンガの中に含まれるカルシウムを取っているのです。そのためダンゴムシは害虫扱いされますが、実は、地球の土壌をきれいにしている虫なのです。落ち葉などを食べて糞をし、その糞にふくまれたバクテリアが土壌に栄養分を与えて、森を豊かにします。実は貴重な益虫なのです。

いきものデータ

- □名前　オカダンゴムシ
- □分類　甲殻類
- □生息地　日本全土
- □大きさ　体長10〜14mm

パクパク
ムシャムシャ

発光するプランクトンで敵を撃退！

カーディナルフィッシュ

いきものデータ

- □名前　カーディナルフィッシュ
- □分類　魚類
- □生息地　地中海と西大西洋の周辺、アゾレス諸島、カナリー諸島
- □大きさ　体長15cm

サーカスの怪人のように火の輪を噴き出すのがカーディナルフィッシュ。カーディナルフィッシュは生物発光をするカイムシと呼ばれる動物プランクトンを食べて、吐き出します。このとき、プランクトンが発光するのです。水中にただようプランクトンを口にしては、光を噴き出します。

吐き出すのは敵への攻撃。吐き出されるプランクトンは水中にただようウミホタルの一種で、発光する液体を出します。それも食べられたときに発光するのです。この仕組みを使ってガーディナルフィッシュはプランクトンを食べて、発光する瞬間に吐き出すのです。

葉をテントにし身を隠すシロヘラコウモリ

体長が４㎝ほどと小さく丸っこくて、多くの人がイメージするコウモリには見えないかわいいコウモリが、シロヘラコウモリ。夜行性で昼は集まって寝ます。オス1匹にメス数匹のハーレムを作るのです。

いきものデータ

□名前　シロヘラコウモリ
□分類　は虫類
□生息地　中央アメリカ
□大きさ　体長3.7～4.7cm
尾長1～1.5cm

※イラストではシロヘラコウモリの顔が見えていますが、実際は葉をかんでいるため見えないことが多いです。

寝場所はヘリコニアの葉の下。この木の葉を、落ちないように両側をひきよせながら、噛んで垂れ下がります。まるで大きな葉をテントのように山折りにして休むのです。そして、白い体は、葉を透ってくる光で緑色に変わり、目立たなくなります。ちなみに、小型のコウモリにしては珍しく果実を中心にした雑食性で、中央アメリカに生息します。

ウロコが武器になった！
オオセンザンコウ

オオセンザンコウはウロコを武器に進化させた唯一のほ乳類です。オオセンザンコウのウロコは、先がとんがっており、刃物のように鋭く武器にもなります。鋭いウロコのある尻尾をふって敵を追い払うのです。

いきものデータ

- □**名前**　オオセンザンコウ
- □**分類**　ほ乳類
- □**生息地**　アフリカ西部、中央部の森林やサバンナ
- □**大きさ**　体長75～85cm

ただし、オオセンザンコウの主食はアリやシロアリ。鋭い鉤爪で巣を壊し長い舌で絡めとって食べます。鋭いウロコはあくまで防御用。しかし、悲しいことにこのウロコが人間の標的になってしまいました。人間はウロコを薬として珍重しているのです。さらに肉は食用にしています。そして、いまではオオセンザンコウは絶滅危惧種なのです。なんてことでしょう。

耳がちょっとでか過ぎ！体長の3分の2もある耳のオオミミトビネズミ

砂漠のミッキーマウスとも呼ばれるオオミミトビネズミ。ミッキーマウスもビックリの耳の大きさです。耳は尾を除いた体長の3分の2にあたる大きさ。体長比では世界最大の耳を持つ動物です。

大きな耳は夜の砂漠で動く獲物の音を捉えるため。暗闇にうごめく小さな昆虫の、といってもこのネズミも7㎝しかないのですが、かすかな物音も聞き逃さないためです。このネズミは砂漠の動物ですから、後ほど紹介するサバクカンガルーネズミのようになるべく水分を取らない生活をしています。サバクカンガルーネズミも砂漠のネズミ。耳は違いますがよく似ています。

いきものデータ

- □**名前**　オオミミトビネズミ
- □**分類**　ほ乳類
- □**生息地**　中央アジアの砂漠や低木林
- □**大きさ**　体長7～9cm

砂漠のミッキーマウス
とも呼ばれています

そこまでほしいか4本のアゴと4つの目!?

チリクワガタ

角のように見えるのが全長の半分を占める長いアゴ。オスのチリクワガタには巨大なアゴがあり、左右に1本ずつ生えています。そしてその下には短い牙のようなアゴがあり、トータル4本のアゴがあります。長いアゴにはびっしりと小さな歯がついています。そして、左右に2つずつ目がついているように見えます。ただし、これは複眼が二つに分かれているだけ。しかし、どう見ても4つの目に見えてしまいます。

ちなみに、このチリクワガタはアゴの力は強くありません。進化論で知られるダーウィンが試しに挟ませたところ痛くなかったそうです。

いきものデータ

- 名前　チリクワガタ
- 分類　昆虫類
- 生息地　チリ、アルゼンチン
- 大きさ　全長オス33〜90mm
メス25.1〜37.1mm

進化しすぎた……

そこまで擬態しなくても！
とことん木になる
ゲホウグモ

いきものデータ

□名前　ゲホウグモ
□分類　クモ類
□生息地　本州、四国、九州、南西諸島
□大きさ　体長オス4～6mm
メス12～18mm

……。

絵を見てください。円の中にいるのがゲホウグモです。わかりやすくするために脚を描いていますが、脚が畳まれていると、木の切り株とまったく区別がつきません。特に木の上にちょこんといたら、完全に木と一体化して、気がつくのは難しいでしょう。

日本にも本州の南の地域から沖縄にかけて生息していますので、見つけてみてください。

このクモ、昼間は木の上にくっついて動きません。夕方になると、クモの巣を張って、獲物が引っ掛かるのを待ちます。しかし、その巣も一晩限り。朝になると巣を畳んで、また、木の上の切り株になってしまうのです。

コラム　進化の謎①

チーターが世界最速になるために捨てたもの

陸上の最速動物はいわずと知れたチーターです。時速113㎞もの速さです。人間と比べるとその速さがわかります。人間の最速ランナーは、ウサイン・ボルトです。100mを9秒台の後半で走りますが、時速換算でいえばたったの45㎞。チーターの半分にもなりません。

チーターはアフリカのサバンナに生息しています。狙う獲物はトムソンガゼルなどの中型の草食動物。トムソンガゼルはチーターの棲むケニアとタンザニアにまたがるセレンゲティ国立公園におり、チーターとの激走がみられます。

トムソンガゼルのスピードは時速65㎞。チーターと約50㎞も差がありますから、追いつかれてしまいます。しかし、トムソンガゼルも必死です。追いつかれれば、首をかまれ、食されてしまいます。ガゼルは、捕まらないように左右にターンを繰り返しながら逃げていきます。しかしチーターも、少し大回りになりながらもガゼルのターンについていきます。チーターは高速ターンも得意技です。

チーターの速さの秘密はつめにあり

それは、つめに秘密があります。猫のつめを見たことがありますか。通常、猫のつめは手や足のなかに隠れています。そして、木に登るときとか、けんかするときとかにつ

めを出し引っかきます。しかし、チーターのつめは引っ込みません。ネコ科の動物のなかで唯一つめが出っぱなしなのです。

チーターは陸上動物の中で最速になるために、様々なものを進化させてきました。つめが引っ込まないのもそうですが、あのスタイルもそうです。顔が小さく、足も細く、体全体も、ライオンなどと比べると、ほっそりしています。ダイエットする女性たちがあこがれるようなスタイルです。それもこれも、すべて走るためです。

チーターが失った大切なもの

しかし、それで失ったものもあります。それが強さ。ケニアのサバンナに行くと、チーターが殺された写真を見ることができます。犯人は人間ではありません。ライオンなのです。同じネコ科ですがチーターはライオンなどの力の強い肉食動物に負けてしまうのです。

さらに、チーターはシマウマなどの大型の草食動物はめったに襲いません。それは勝てないからです。

チーターが獲物を捕らえたあとの姿を見てください。何かにおびえるように周りを見渡しています。それは、ライオンやハイエナなどに獲物を横取りされてしまうからです。チーターは最速でも最強ではないのです。

第2章

進化しすぎて、トホホのいきものたち

こんな風に進化しなくてもいいのに、
と思わず思ってしまう、
いきものたちです。
ちょっとトホホのいきものです。

発達しすぎたハサミは、
大きな音を出せるが存在が
ばれるテッポウエビ
いつも一緒

テッポウエビはハゼと共生しています。テッポウエビは巣穴を作ったりきれいにしたりし、ハゼは敵が来ないか見張ります。

このエビの前脚には発達した大きなハサミと、小さなハサミがあります。その大きなハサミは巣穴から砂をかき出したりするときに役立ちます。さらに、このハサミは開いた後にかち合わせると、「パチン！」と大きな破裂音を出すことができます。これによって、敵への威嚇や、獲物を気絶させることができるのです。

しかし、音が大きすぎて、敵に存在がばれてしまいます。トホホですが、ハゼとの共生で、なんとか危険を回避しています。

陸上に棲みたくても、実はそこまで進化できなかった？

ムツゴロウ

ハゼ科に属する魚です。干潟に1mほどの巣穴を掘って生活します。昼間の干潮時には巣穴の外に出て活動しますが、危険が迫るとサッと巣穴に隠れます。満潮時と夜間は巣穴にいます。

干潟で生活できるのは、口に水を含み、水を通してエラ、口の粘膜、皮膚、鰭膜（ウロコをつなぐ膜）で呼吸できるからだといわれます。したがって、干潟にいても皮膚が乾くと生きることができません。そのため、ムツゴロウはときどき体をゴロリと転がして水でぬらしているのです。進化できなかったのか、はたまた進化の途中なのか、不思議な魚です。

いきものデータ

- **名前** ムツゴロウ
- **分類** 魚類
- **生息地** 有明海、八代海、朝鮮半島、中国、台湾
- **大きさ** 体長16cm～18cm

乾くと
死んじゃう

泳ぐのが苦手なトホホなカエルアンコウですが、釣り名人です！

のちほど、紹介するレッドハンドフィッシュほどでもないですが、泳ぐのが苦手なため、胸ヒレを使って海底を歩き、獲物を捕まえます。水深20〜30mの比較的浅い海にいることが多いです。そのため、ダイバー

いきものデータ

- □**名前** カエルアンコウ
- □**分類** 魚類
- □**生息地** 日本各地、太平洋東部をのぞく世界の暖海
- □**大きさ** 体長15cm程度

たちには人気の魚です。カエルアンコウの捕食は、普通の魚のように、獲物を追いかけて捕まえるということができません。

そこで、鼻先にある疑似餌の釣竿器官を使って魚を捕らえます。「釣り名人」といっていい魚です。疑似餌を動かし、食べ物と思って近づいてきた小魚や甲殻類を大きな口で一気にパックとくわえます。さすが釣り名人！

自分はうつらないのに他の動物にはうつす、オオコウモリ

世界を揺るがした伝染病エボラウイルスやマールブルグウイルスの宿生は、オオコウモリの一種といわれています。それだけではなく、オーストラリア・クイーズランド州政府は、オオコウモリにかまれて伝染す

いきものデータ

□名前	オオコウモリ（フルーツコウモリ）※
□分類	ほ乳類
□生息地	オーストラリア
□大きさ	体長（翼を広げた大きさ）最大1.8mに達する

※エボラウイルスの宿主といわれる

るリッサウイルス、馬を媒介にして伝染するヘンドラウイルスについて、きわめて少数ですが高い致死性があるとして警告を発しています。

サルモネラ菌もオオコウモリが媒介となると考えられています。しかし、コウモリ自身が病気になることはほとんどないといわれています。愛くるしい顔で〝空飛ぶキツネ〟と呼ばれるオオコウモリですがかなり危険です。

こんな鼻でエサを感知！カグラコウモリ

コウモリには大きく2種類のコウモリがいます。ひとつはオオコウモリで目で獲物を確認して捕獲します。もうひとつが比較的小さなコウモリで超音波を発信して、その反響で獲物を確認して捕獲します。

超音波の反響で位置を確認することを反響定位（エコロケーション）といいますよねえ？

が、コウモリの大きな特徴です。このカグラコウモリもその仲間ですが、そのエコロケーションの能力を高めるために、鼻にある葉のような奇妙な突起をつくりあげました。これで超音波を確実に捉えているようです。でも、あまりにグロテスクすぎます

いきものデータ

- **名前**　グリフィンカグラコウモリ（2012年に発見された）
- **分類**　ほ乳類
- **生息地**　ベトナム
- **大きさ**　体長8〜9cm

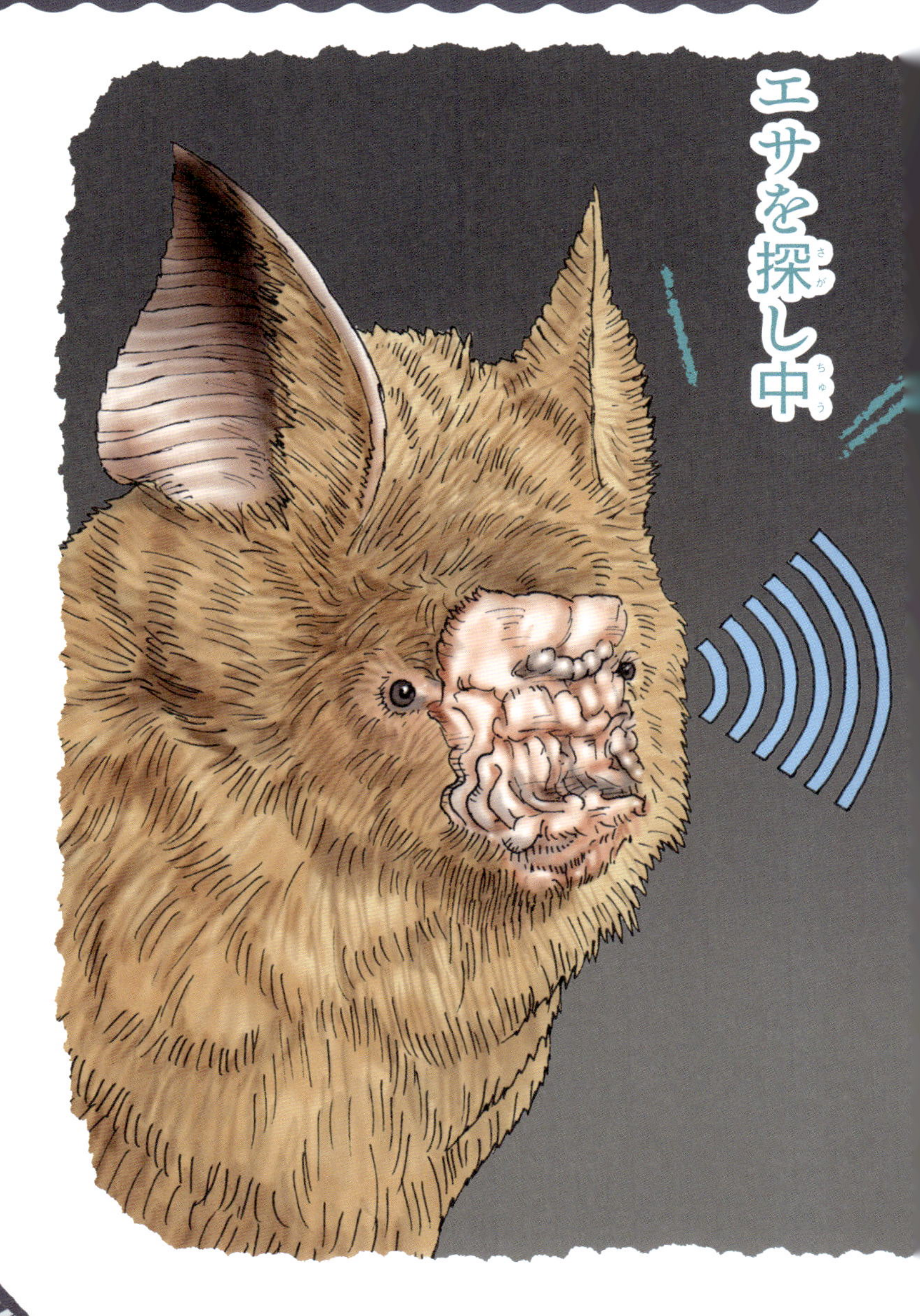
エサを探し中

退化しすぎの疑似餌は使えるの!?
フウリュウウオ
ここにエスカを収納!
使わないけどね……

退化しすぎも進化のひとつ。カエルアンコウが疑似餌（エスカ）を使って小魚などを捕まえるのに対して、このフウリュウウオはエスカを退化させてしまいました。進化の不思議です。フウリュウウオはもともとアンコウと同じ仲間で、発達した胸ビレと腹ビレをうまく使って海底を歩くように泳ぎ、貝や甲殻類などを食べています。

フウリュウウオのエスカはとがった鼻の下にあり、退化してほとんど目立ちません。実用性はなく、獲物を捕るときは、顔を砂の中に突っ込んで捕まえるようです。エスカは砂に顔を突っ込むのに、邪魔だったんでしょうか。

口の神経が発達しすぎて、歯がなくなってしまった カモノハシ

卵を産む唯一のほ乳類がカモノハシ。それ自体驚きですが、カモノハシは水中では目をつぶったまま獲物を捕らえます。

それができるのは、くちばしに、いきものが発する電流を感知するセンサーが

いきものデータ

- 名前　カモノハシ
- 分類　ほ乳類
- 生息地　オーストラリア、タスマニア島の川や沼
- 大きさ　体長30〜45cm

4000個もあるから。そのため、目をつぶっていても水中で獲物を捕らえることができます。しかし、口の中全部をセンサーにしてしまったために歯が生えるスペースがなくなってしまったようです。しかし大丈夫。魚、爬虫類、貝、昆虫、エビ等々、幅広く食べられるのです。しかも、恐竜時代からいたといわれるほど、長く存在しているたくましいいきものです。

ゆったり生きていたのに、人間にトホホにされたコアラ

コアラの生存戦略はきわめて巧妙なものでした。人間がくるまでは。コアラは非常にゆっくり動きます。それはユーカリの毒を分解するのに、大量のエネルギーを必要とするからです。

コアラは他の動物たちが、毒があって食べないユーカリの葉を食べて、生存競争を勝ち抜いてきました。さらに、すばやく動けなくても天敵はいませんでした。オオトカゲやワシやニシキヘビはいましたが、ほとんどが若いコアラを狙うだけ。しかし、人間は違いました。コアラの生息地である森林を破壊してしまったのです。そのため絶滅の危機に瀕している地域もあります。

いきものデータ

- 名前　コアラ
- 分類　ほ乳類
- 生息地　オーストラリアのユーカリ林
- 大きさ　体長72〜78cm

これ食べるために
いろいろ犠牲に
してるのに……

夜目が利きすぎて、実は昼間は見えないメガネザル

夜行性のメガネザルですが、実は、その祖先は昼行性の動物でした。いまから6000万年ほど前から姿はあまり変わっていませんが、昼夜がまったく違います。

もともと昼行性だったので、目の奥にあった光を増幅させる反射板がなくなりました。そのため、非常に目が大きくなりました。体重100g程度なのに、眼の重さが脳と同じ3g。さらに、眼球が大きすぎて目を囲む眼窩の中で回すことができず、首を180度回転させて真後ろを見ます。そして、悲しいことに昼間は明るすぎてよく見えなくなりました。もともと昼行性だったのにトホホです。

いきものデータ

- □**名前** フィリピンメガネザル
- □**分類** ほ乳類
- □**生息地** フィリピン
- □**大きさ** 体長8～16cm

大きな目は
夜しか使えない

コンドルがハゲた理由は、肉汁を頭につけたくないため！

ハゲになった理由が、肉汁を頭につけたくないと書かれると、コンドルってどんなやつ？　と疑問に思ってしまいますが、実はそんなにトホホではありません。

動物の多くは清潔好きですがコンドルもそうです。コンドルは動物の死骸を食べます。そのとき死骸に顔を突っ込んで食べるため死肉や肉汁が頭についてしまいます。そのため、もし、頭に羽毛が生えていたらウイルスなどの病原体の温床になってしまうのです。それで羽毛がなくなったのです。人間の女子が脱毛するのとは違います。「ハゲタカ」と呼ばれるコンドルですが、ハゲは健康の象徴なのです。

いきものデータ

- 名前　コンドル
- 分類　鳥類
- 生息地　南アメリカの高山
- 大きさ　全長100〜130cm

ハゲているのは
ワケがあるのッ！

まったく似てない！モフモフで大きすぎるオウサマペンギンのひな

世界で2番目に大きい称号？ を持つオウサマペンギン。王様なのに2番目なのは、発見されたときは1番大きかったけど、その後もっと大きいペンギンが見つかったから。それだけでもトホホですが、もっとトホホはひなが親より大きいこと。

そもそも親とひなはとても似つかないほど風体が違います。ひながモフモフなのは寒さに負けないため、さらにひなが大きいのは冬になる前にたっぷり食べて太ったから。太った体でモフモフになって寒さに耐えるのです。しかし、冬が終わると体はしぼみ、中には死んでしまうひなも、ちょっと悲しい現実です。

いきものデータ

- **名前** オウサマペンギン
- **分類** 鳥類
- **生息地** 南極圏の島
- **大きさ** 全長90〜95cm

デカっ……

ダンスが大得意、しかしメスに気に入られないと餌食になるピーコックスパイダー

見た目が10割といえるのが、ピーコックスパイダーのメスがオスを見極めるときのこと。このスパイダーのオスは繁殖期になると、メスを見つけると見境なくダンスをします。色鮮やかな腹を反らせて踊るのです。

いきものデータ

- **名前** ピーコックスパイダー
- **分類** クモ類
- **生息地** オーストラリア
- **大きさ** 体長2〜6mm程度

しかし、メスはダンスに反応するより、見た目を重視。というのも、このスパイダーは巣をはらないクモの仲間で、獲物を見定めて捕らえます。

そのため視力が発達しているのです。一生懸命ダンスをしても、見た目で決まってしまいます。さらに、気に入らないと、メスのスパイダーはオスを食べてしまいます。命がけのダンスなのです。

森にこだまする息の音！
すぐ見つかるナマケグマ

木登りが得意で、長いつめで木にぶら下がっている姿がナマケモノに似ているので、ついた名前がナマケグマ。けっして動作は遅くはありません。主食はアリで、ハチの巣を落として食べることはありますが、昆

いきものデータ

□名前	ナマケグマ
□分類	ほ乳類
□生息地	インド、スリランカの草原や森林
□大きさ	体長1.5～2m

虫以外襲って食べることはありません。
しかし、人間から害獣扱いされたり、比較的おとなしく人になつきやすいので、サーカスのクマにされたり、薬や食用として捕獲されてしまうことがあります。アリを食べるため口がとんがっていて、息を吐き出す音がインドの森にこだまするので、すぐに見つかってしまうのです。可哀想なクマなのです。

若返りするけど、食べられてしまうベニクラゲ

ベニクラゲは南極と北極以外の海に棲んでいます。消化器官が赤く見えるのでベニクラゲと名づけられました。このベニクラゲの最大の特徴が不老不死。

普通のクラゲはオスとメスが生殖すると死んでしまいます。そして、そのまま解けてしまうのですが、このベニクラゲ類は再び卵であるポリプへと戻るのです。つまりは若返り。これによりベニクラゲ類は個体としての死を免れています。

しかし、ベニクラゲは食物連鎖において常に捕食される側であり、いずれ、食べられてしまいます。不老不死だけど、食べられるためのトホホな不老不死なのです。

いきものデータ

- 名前　ベニクラゲ
- 分類　ヒドロ虫類
- 生息地　日本各地
- 大きさ　4mm（傘の高さ）

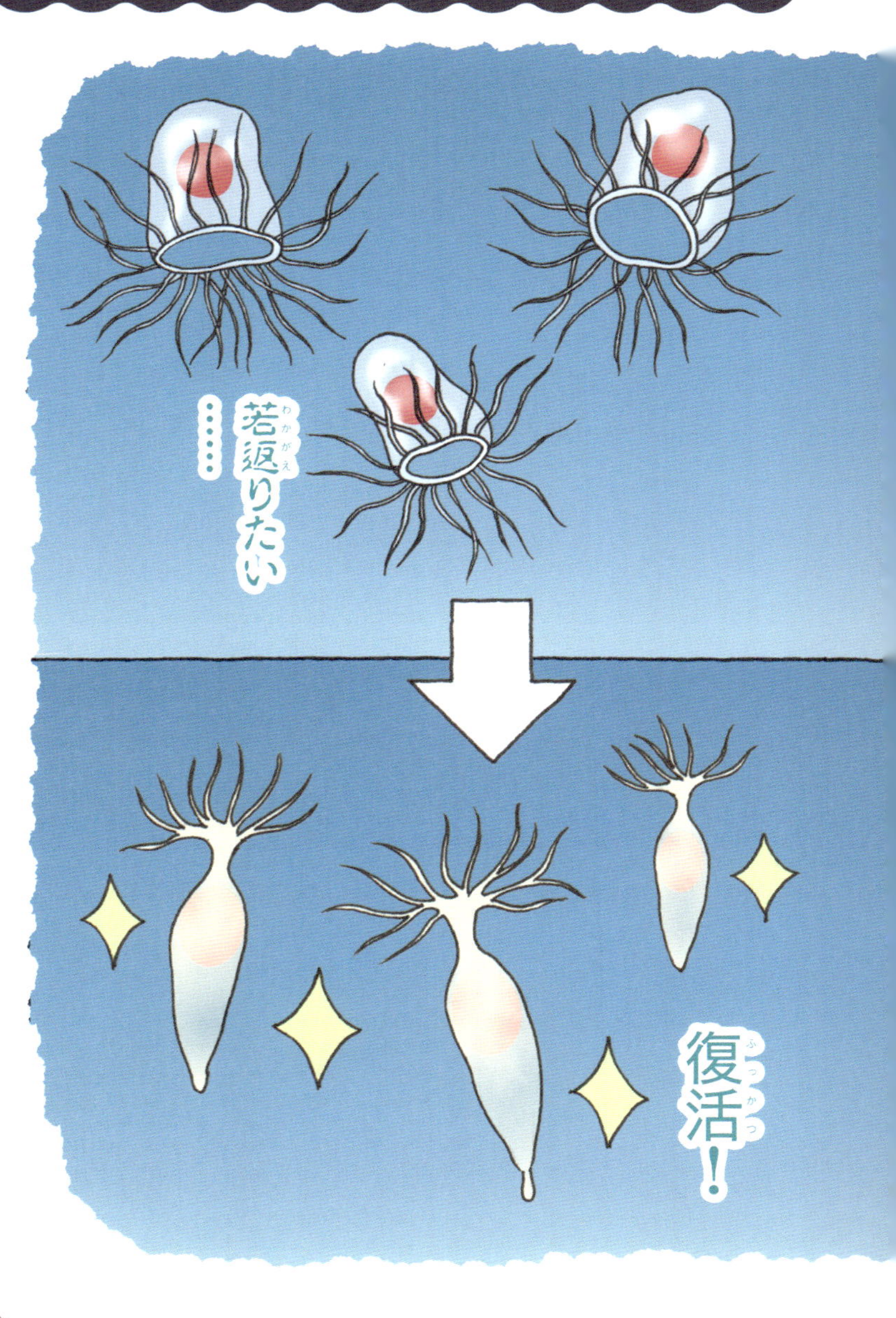
若返りたい……
復活！

コラム　進化の謎②

なんでライオンのオスはぐうたらなの？

ライオンの狩りを見たことがあるでしょうか。ライオンはネコ科の動物の中ではめずらしく集団で狩りをします。ヌーやシマウマなど比較的大型の草食動物を狙って、集団で追い詰めます。

まず、一匹のメスライオンが、ゆっくりと大集団でいる

ヌーのうち、弱そうな一頭を見定め、近づいていきます。そして、狙ったヌーを追いかけます。

途中から他のメスライオンも加勢します。なかにはヌーのお尻に噛みつくメスライオンもいます。

最後は、ヌーの行く手に隠れていた一匹のメスライオンが飛び出してヌーののどに噛み付くのです。

テレビでよく見るライオンの狩りです。ライオンの狩り

は集団で行われますが、オスライオンはめったに登場しません。ほとんどがメスです。オスがいても、集団のメスライオンの子どもである若いオスです。

そのとき、大人のオスライオンは何をしているのでしょうか。ほとんどが寝ています。そして、獲物を捕らえたことがわかると、のそのそと起きだして、メスが捕まえた獲物を、一番最初に食べるのです。

夜は必死にがんばるオスライオン

えっ、ちょっとオスってひどくないですか、と思いますが、そうでもないのです。夜のライオンを見てください。オスは自分の縄張りを歩いて匂いをかぎ、マーキングしていくのです。もし、敵やよそ者がいたら、体を張って自分の縄張りを守ります。そして、自分の子孫を残していきます。

そのオスも歳をとって、力がなくなると、若いオスライオンに縄張りを奪われます。そして、若い子どものライオンがいると、縄張りを奪ったライオンは殺してしまうのです。それは、メスの子育てをやめさせ、自分の子どもを作らせるためです。

昼は寝てばかりのオスライオンですが、必死に自分の子孫を残すために戦っているのです。

第3章

驚異、そこまでするか、いきものたち

あまりにすごい進化で、
驚異とも思えるいきものを紹介。
そこまで進化していいの？
驚きすぎのいきものです。

水上を走るために進化した⁉ 1秒に10回転の足 バシリスク

バシリスクは、重力に負けて水中に落下しないため に1秒に10回も足を動かし ます。つまりは片足が沈む 前にもう片足を水面につけ ばいいという理屈を実践 (人間はできませんが) し ているのです。

いきものデータ

- □**名前** グリーンバシリスク
- □**分類** は虫類
- □**生息地** 中央アメリカ南東部の森林の川辺
- □**大きさ** 全長60～70cm

つま先は外に広がっており、水面を蹴るには適しています。さらに長い尻尾を使って方向転換も自由自在。しかし、やはり限度はあります。秒速1・5mで4mの距離まで水面を走ることができますが、5mでは失速して水中落下してしまいます。

ただし、落下しても大丈夫、潜水も得意です。水陸両用の忍者トカゲといわれるゆえんです。

サメなのにサメを食べるため!?
珊瑚に擬態できるようになった
アラフラオオセ
しめしめ
ひっかかったな

オーストラリア・グレートバリアリーフで2012年に驚きの写真が撮影されました。サメがサメを食べているシーンです。食べられているのは比較的小型のサメでイヌザメ。食べているのがアラフラオオセというオオセ科のサメです。

オオセ科のサメは擬態することで知られており、体色は複雑で、サンゴ礁の保護色になっており、頭部のある皮弁がサンゴの枝に見えます。このときもサンゴ礁の岩に擬態していました。アラフラオオセはそのようにして別のサメ種を食べているようです。胃の構成物から別のサメ種を食べていることがわかっています。

いきものデータ

□**名前**　アラフラオオセ
□**分類**　魚類
□**生息地**　オーストラリア北部からニューギニア島の浅い珊瑚礁
□**大きさ**　体長1.8m

超高速‼ 舌が飛び出す
加速度は重力の264倍
カメレオン
おっ
バッタだ！
うわああ

カメレオンの舌が飛び出す際の加速度は、ジェット機よりも速いのです。重力の264倍ともいわれます。ジェット機の加速度の4倍にもなります。0・01秒で時速90㎞にも達します。

目にもとまらぬ速さとはこのことをいうのでしょう。イラストでは獲物を捕えた瞬間を描いていますが、こんなシーンを見ることができるのはハイスピードカメラの映像だけ。

通常、カメレオンは舌を折りたたんでいますが、獲物を見つけると、それを充分に引きのばし、一気に解き放ちます。弦と同じ仕組みです。

これで、ハイスピードの加速を引き起こすのです。

いきものデータ

- 名前　カメレオン（パンサーカメレオン）
- 分類　は虫類
- 生息地　マダガスカル北部・北東部の低地の雨林
- 大きさ　全長30〜53cm

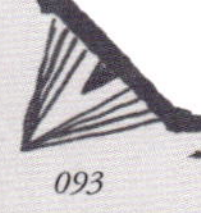

超過激な噴射、ミイデラゴミムシ

かなり危険な虫です。外敵に襲われると、お尻から液状のガスを噴射します。そのガスは100度以上にもなり、塩素に似た成分で非常に強い刺激臭がします。

この噴射を受けたカエルなどは、やけどをするだけではなく、ガスに含まれた化学成分で口の中がただれてしまいます。さらに、お尻から噴射される液状のガスは幅広く飛び散り、おしりの向きを変えることで的確に相手を捉えることもできます。特にすごい技は、カエルに食べられたミイデラゴミムシが体内でこのガスを噴射し、吐き出させることです。人間にも危険な「触らぬ神にたたりなし」の虫です。

いきものデータ

- □**名前** ミイデラゴミムシ
- □**分類** 昆虫類
- □**生息地** 北海道～九州、トカラ列島、奄美大島
- □**大きさ** 体長11～18mm

ぷっ

擬態できる数が40！驚異の技

ミミックオクトパス

ものまね芸人も顔負けのミミックオクトパス。名前自体が、まねをするタコで、ものまねできる数が40もあります。

このタコが擬態するのは身を守るため。擬態する相手は、毒や牙などの危険な

いきものデータ

- □**名前**　ミミックオクトパス
- □**分類**　頭足類
- □**生息地**　南西諸島、西太平洋の熱帯域
- □**大きさ**　全長50cm

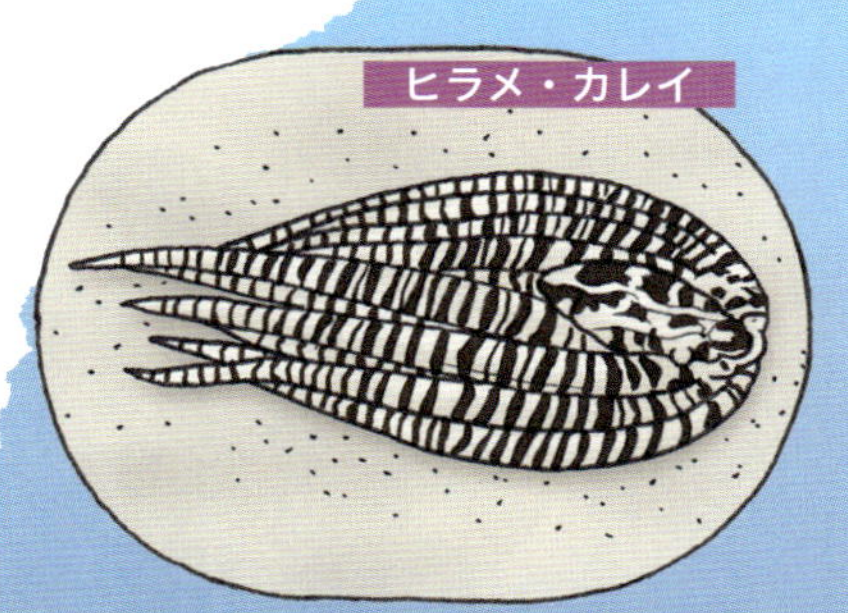

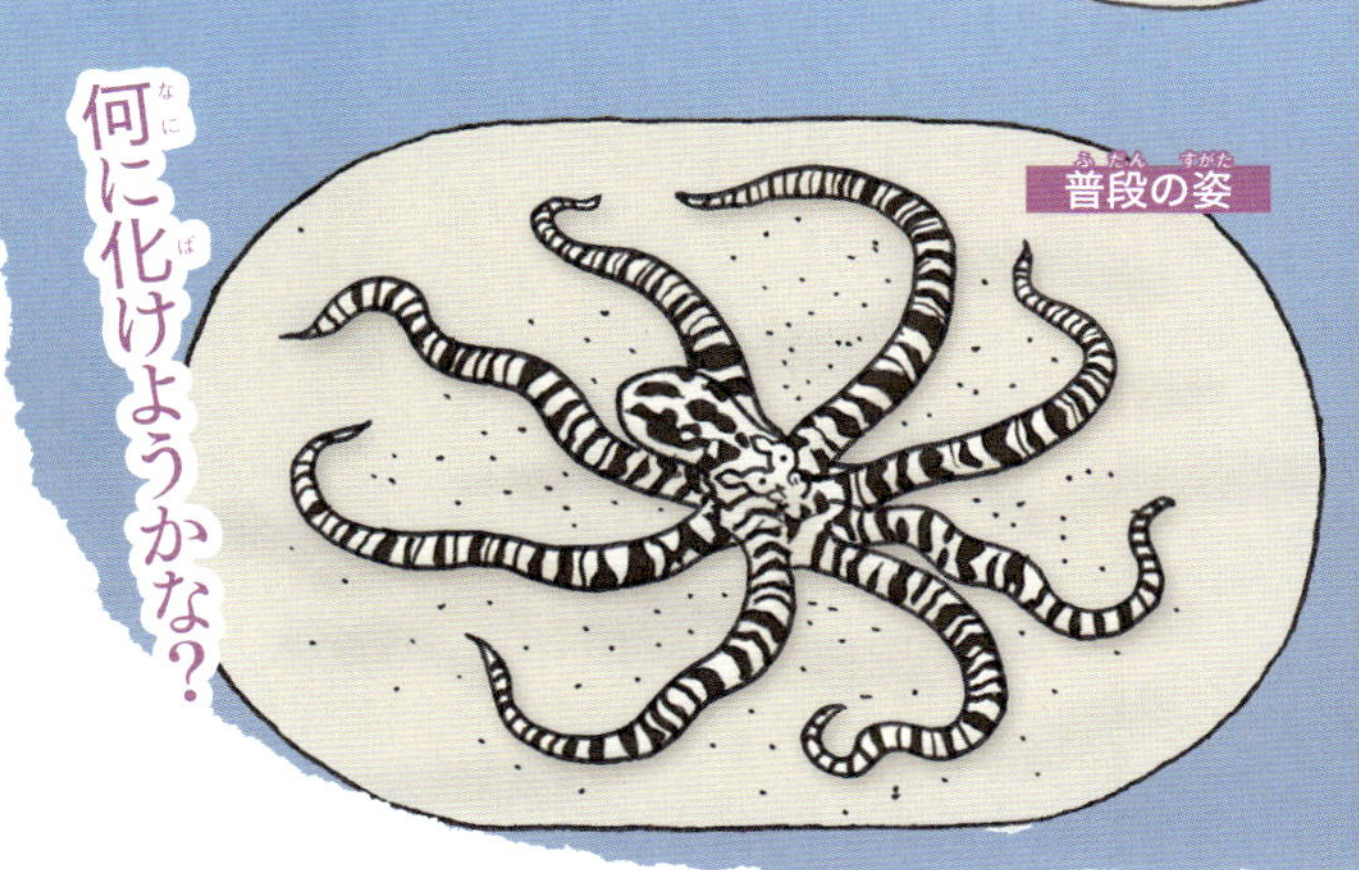

武器を持っているいきものです。このようないきものは、危険な武器を持っていることを模様や形態で示しています。それによって危険信号を出しているのです。ミミックオクトパスは、そのような模様や形態をまねすることで、襲われないようにしています。このような擬態をベイツ型擬態と呼びますが、トラに威をかる「タコ」といったところでしょうか。

ここまで美しくなっていいの？

ミラースパイダー

お腹のパッチワークのような模様が、光にあたると鏡のように輝いて非常に美しいクモです。このミラースパイダーはオーストラリアやシンガポールなどに生息しているクモで、宝石のように輝きます。

この模様はサケなどの銀色に輝くウロコと同じ成分、グアニン結晶でできており、模様を変化させることができます。銀色の輝く部分が広くなり、茶色の部分がほとんどなくなって、全体が光り輝く宝石のようになります。カメレオンも同じ結晶を持っています。ちなみに、クモの大きさはかなり小さく、オスで3㎜、メスで4㎜ほどしかありません。

いきものデータ

- □**名前** ミラースパイダー
- □**分類** クモ類
- □**生息地** オーストラリア全域
- □**大きさ** 体長オス3mm程度
メス4mm程度

美しさNo.1！

いくらなんでもジッとし過ぎ、1時間以上動かない

ハシビロコウ

上野動物園にもいるハシビロコウ。時間があったら我慢比べをしてください。かなり動きません。いつ動くかあなたもジッと見続けるのです。よそ見してはいけません。ハシビロコウが動く時はあっというまです。獲物が浮かんでこない限り、1時間でも2時間でも動かないハシビロコウの好みは肺魚です。その肺魚が水中に浮かんでくるまで自らの気配を消します。肺魚は肺呼吸するので、いずれ水面に出てきますが、すぐには出てきません。ハシビロコウは大型の鳥で、頭頂までの高さは110〜140cmもあります。くちばしも巨大です。なんとワニの子どもも餌食になるのです。

いきものデータ

- □**名前** ハシビロコウ
- □**分類** 鳥類
- □**生息地** アフリカ中央部の川や沼
- □**大きさ** 全長120〜152cm

じーー
動かなすぎる!

本当は大人しいのに、強すぎて危険動物になってしまったヒクイドリ

ギネスブックで「世界一危険な鳥」に認定され、一躍、危険動物になってしまったヒクイドリ。確かに強さは半端ではありません。ウロコに覆われた強靭な脚から繰り出されるキックは、鉄板を曲げてしまうほど。人間などひとたまりもありません。大きさもダチョウに次いで、世界第2の鳥です。

しかし、実は、用心深く臆病な性格。森に棲み、果実をそのまま食べて、種子を養分いっぱいのフンと一緒に排泄するので、森の再生にも一役買っている鳥です。さらに、子育てはオスが担い、そのために体重が5kgも落ちるほどのイクメンぶり。いい鳥なのです。

いきものデータ

□**名前**　ヒクイドリ
□**分類**　鳥類
□**生息地**　オーストラリア、ニューギニア
□**大きさ**　全長130～170cm

こう見えて
臆病でいいヤツ
CAUTION

ライフル銃の3倍の衝撃力のある、オウギワシ

ジュールというエネルギーの単位があります。このジュールでいうとオウギワシの鉤爪の衝撃力は18300。拳銃のエネルギーが300ジュールなので、そのパワーは想像をこえます。人間をばらばらにする

いきものデータ

- **名前** オウギワシ
- **分類** 鳥類
- **生息地** 中央、南アメリカ
- **大きさ** 全長89～110cm

ほどのパワーで、ライフル銃の3倍になるといわれます。

オウギワシはこのパワーで、サルやナマケモノなどのほ乳類やイグアナなどは虫類、そして鳥類や両生類などを捕食します。さらに、時速65kmから80kmで。樹間をすり抜けるように飛行し、獲物を捕らえるのです。まっすぐしか飛ばないライフル銃の弾など、比べ物になりません。

いくらなんでも飲みすぎ！ 1回136リットルもの水を飲むラクダ

ラクダは砂漠でも数日ならば水がなくても生きていけます。理由は体の血管に水をためることができるから。人間の組織には体全体の4％ほどしか水はありません。逆に血管の水が多くなりすぎると、赤血球が水を取り込んで破裂してしまうのです。

しかし、ラクダは体中にある筋肉などの組織に水をためることができます。だから、通常でも一度に80リットル程度、最高では136リットルもの水を飲んでも赤血球が破裂することはないのです。

そして、水を飲んだラクダは一気に水で体が膨れ上がります。ただ、砂漠を歩いているうちに水を消費して細ってしまいます。

いきものデータ

- □名前　ヒトコブラクダ
- □分類　ほ乳類
- □生息地　中東、アフリカ、西アジアの砂漠
- □大きさ　体長２～3.5m

一度に80ℓは
余裕です、はい

チェーンソー、シャッター音、車まで、なんでもものまね

コトドリ

一見、孔雀に似ているコトドリ。その最大の特徴はなんでもものまねができること。チェーンソー、シャッター音、車のブレーキ音までできます。さらにすごいのが、一度聞いたら、ものまねができること。

いきものデータ

- □名前　コトドリ
- □分類　鳥類
- □生息地　オーストラリアの熱帯雨林
- □大きさ　全長84～103cm

なぜ、そんなことできるのかというと、求愛行動。コトドリは、他の鳥の鳴き声をまねながら、尾の飾り羽を持ち上げ、自分の体の上に覆うようにしてダンスをします。できるだけ多くの音のバリエーションを持っていたほうが求愛に成功するようです。だから鳥だけじゃなく、人の声から、機械的な音までまねるのです。そこまでいくと少しやりすぎ!?

胃が自分の数倍も広がる、オニボウズギス

人間でもおなかをパンパンにしてまで、食べる人がいますが、それでも自分の体重より多くの量を食べる人はいませんし、できません。

でも、このオニボウズギスは、どこまで食欲がある

いきものデータ

- □**名前** オニボウズギス
- □**分類** 魚類
- □**生息地** 静岡県、沖ノ鳥島、インド洋、大西洋
- □**大きさ** 体長25cm

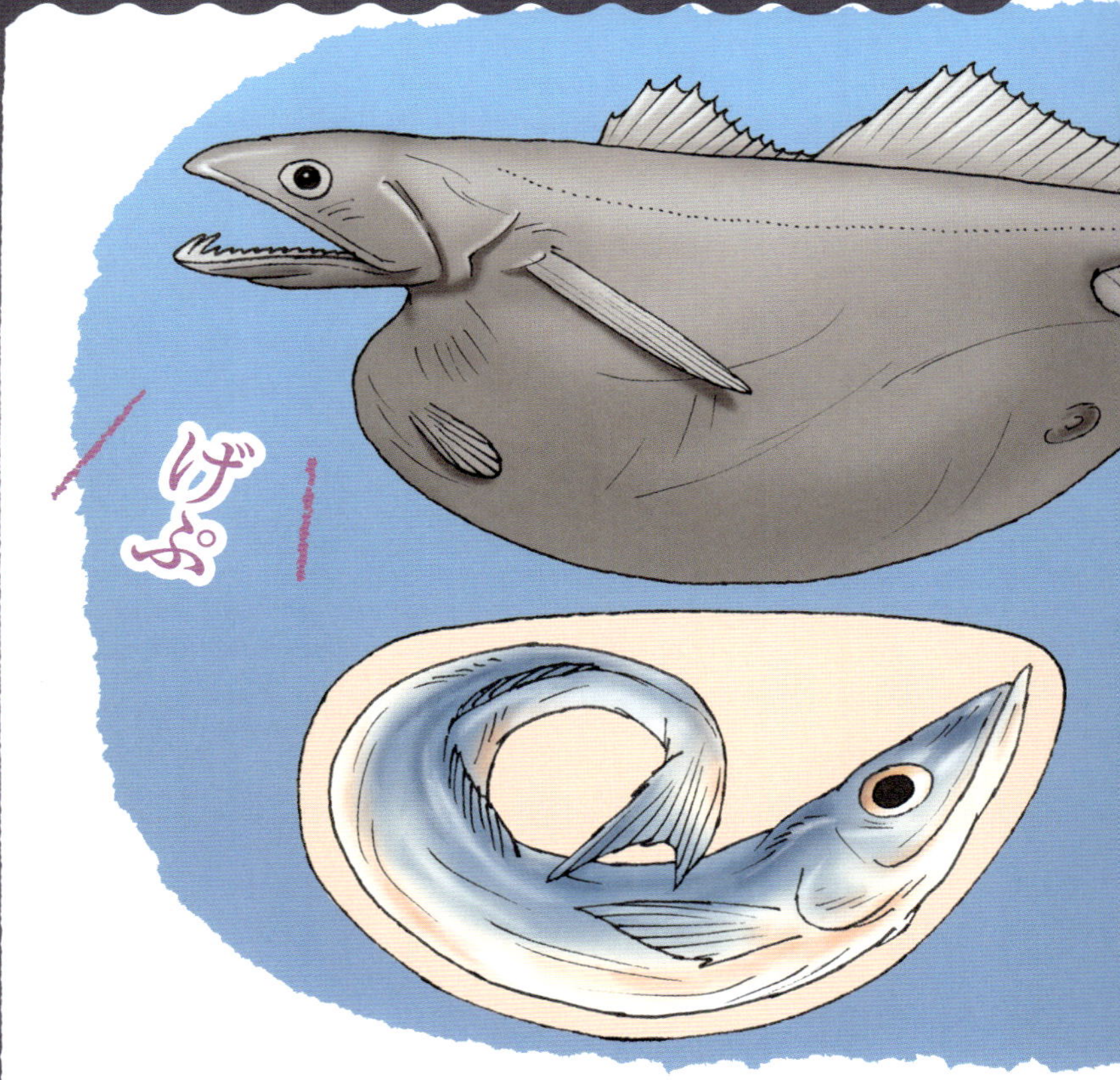

のでしょうか。胃がかなり大きく膨らむようになっていて、自分の体の数倍もある獲物でも飲み込むことができます。この魚は透き通っているので、それが外から見えるのです。さらに、大きな獲物を捕らえるために、口も大きく開きます。しかし、あまりに大きい獲物を胃に入れたために、腹が破けてしまった個体もいるほどです。やりすぎ感ありすぎの魚です。

食べないために進化した!?
一ヶ月食べなくても生きられるガラパゴスゾウガメ

亀は万年といいますが、そこまでいかなくても、このガラパゴスゾウガメの寿命は驚異的で170年も生きた記録がありなす。なおかつ、世界でもっとも大きいカメで、体重は300kgを超えます。

このゾウガメは雑食性でサボテンなども食べることができ、さらに、甲羅の下には脂肪をたっぷり蓄えていて、1ヶ月も飲まず食わずでも生きていけます。ただし、肉はおいしく、人間に乱獲されてしまいました。そのため、一時は絶滅の危機の瀕していましたが、いまは、厳しい保護のもと、少しずつ個体を増やしています。寿命の敵は人間だったのです。

いきものデータ

- □**名前**　ガラパゴスゾウガメ
- □**分類**　は虫類
- □**生息地**　ガラパゴス諸島
- □**大きさ**　甲長75～130cm

そろそろ
何か食べるか

コラム　進化の謎③

象の鼻はなぜ長い？

最近パンダが大人気ですが、根強い人気はやはりゾウ。長い鼻が人気です。インドゾウであれば、それほど攻撃的ではなく、人間にも懐きます。タイなどの森林地帯に行くとゾウに乗って険しい山道を案内してくれるツアーがあるほどです。

ゾウの背中に乗って、左右に揺れる乗り心地は決していいとはいえませんが、それでも、自然と一体になった感じで、雄大な気分になります。

かなり自由に動くゾウの鼻

やはりゾウといえば、鼻です。ゾウの背中に乗るとわかりますが、ゾウの鼻は歩きながらいろいろなことをします。木の枝をさわってみたり、果実をとってみたり、水を飲んでみたり、かなり自由です。そうなんです。ゾウの鼻は、かなり様々なことができるのです。いや、できるからこそ、ゾウは生き抜いてこられたともいえます。

　ゾウの体重は５０００kgを超えます。その体を四本の脚で支えているのですが、あまり自由度はありません。脚を折り曲げたり、しゃがんだり、逆に二本脚で立ち上がったりするのは、体が重すぎて、非常に大変なのです。人間でも、１２０kg以上もある人は、歩くのでもしんどそうなのと同じです。

　人間には腕と手があります

が、ゾウはそれらを、体を支えるために使ってしまっています。そこで、ゾウが進化させたのは鼻だったのです。人間が腕や手でやっていることをゾウは鼻でしています。

ゾウの鼻の強さの秘密はどこにある？

鼻ですから、基本的な鼻の機能は当然あります。深いところにもぐれば、シュノーケルのかわりになります。遠くからの匂いも察知できます。水のありかも鼻で察知します。

普通の鼻ができることはもちろん、手や腕の代わりですから、物を掴むことができます。人間の手から器用にりんごを掴むなんて普通のこと。

鼻を使ってけんかもします。ゾウの鼻はかなりの力持ちです。数百kgのものを持ち上げられます。ある人は、ゾウが鼻を使ってワニを釣り上げていたのを見たといいます。それほどの力持ちです。実際は、ワニにかまれたのが真相だと思いますが……。

では、なぜそんなことができるのでしょうか。

それは、ゾウの鼻が人間の舌と同じような筋肉のかたまりでできているからです。人体が６５０ほどの筋組織でできていますが、ゾウの鼻は４万本もの筋組織があります。人間の比にならないほどの力があるのは、そのためです。

そして、その筋肉は非常に柔軟。何でもできる強い鼻なのです。

第4章

進化しすぎて、危機一髪のいきものたち

進化しすぎてしまって、
逆に命が危なくなってしまっている
いきもの大集合です。
危なすぎるいきものも紹介。

毒の入った血で天敵を攻撃、ただし、自分の命も危ない

サバクツノトカゲ

アメリカの砂漠地帯に棲むサバクツノトカゲ。このトカゲの最大の特徴は危険回避法。

まず、敵が来ると体を平たくして相手をやり過ごします。あるいは茂みの中に逃げ込みます。しかし、そ

いきものデータ

□**名前**　サバクツノトカゲ
□**分類**　は虫類
□**生息地**　北アメリカ南西部の砂漠
□**大きさ**　全長8〜11cm

れでも敵が来るときは、口を大きく開けて相手を威嚇します。さらに、それがだめな場合は最後の手段です。相手の眼を目掛けて、自分の眼から血を発射するのです。それは1m先まで飛ばすことができ、天敵であるコヨーテやオオカミが嫌がる成分が含まれています。しかし、このときはトカゲも死の危険と隣り合わせ。体内の三分の一の血液を放出してしまうのです。

脳に突き刺さる牙、毒のある葉っぱ、そんなに死にたいの？

バビルサ

いきものデータ

□名前　バビルサ
□分類　ほ乳類
□生息地　インドネシアの川や湖近くの森
□大きさ　体長85〜110cm

頭蓋骨に突き刺さる2本の牙が非常に話題になったバビルサ。その牙は上に湾曲して伸び、ときには脳天に突き刺さります。

バビルサの牙は下に伸びるはずの犬歯が上に伸びたもの。そのため、牙は頭蓋

骨に刺さるずっと前に、上唇を突き抜けています。牙は最初から自らの体を痛めつけて伸びているのです。痛くないのが不思議です。

さらに、バビルサは奇妙な習性があります。それは、毒のある植物を食べ、なんとそれを、泥水を飲んで解毒するのです。

バビルサは「死を見つめる動物」ともいわれます。何度死んでもおかしくないと思える動物なのです。

乾燥に強すぎて、逆に水に弱すぎるサバクカンガルーネズミ

カンガルーのようにジャンプするのでサバクカンガルーネズミ。とことん水を節約します。おしっこも尿素の濃い尿にして、なるべく水分を外に出しません。巣の中に、水分の多い植物の種子を蓄え、それを食べ

いきものデータ

- **名前**　サバクカンガルーネズミ
- **分類**　ほ乳類
- **生息地**　北アメリカ南西部の乾燥地
- **大きさ**　体長13〜14cm、尾長20cm程度

て水を取らないようにします。さらに獲物をとりにいくのも汗をかかない涼しい夜だけ。

そこまでして乾燥に強くなりましたが、逆に水が多すぎると生きていけません。そのため水の多かったメキシコでは絶滅したかと思われましたが、乾燥が厳しくなったときに復活していました。危機一髪でした。ちなみにネズミではなくリスに近い仲間です。

ジャブのつもりが爆裂パンチ！強烈なパンチ力のシャコ

シャコのパンチは非常に強力。大型のシャコであれば貝を叩き割るのは普通のこと。薄い水槽のガラスなら割ることもできます。強力なパンチは筋肉を弓矢のようにゆっくり引き、それを開放するように一気にエネルギーを放出して強力なパンチをくりだします。パンチの速さは時速80㎞にも達します。そのパンチで周りの水が沸騰してしまうというほどですが、けんかのときは行き過ぎてしまうことも。

最初はけん制のつもりで出したジャブがいつの間にか強力なパンチになって、同士討ち！　両者ノックダウンしてしまうこともあるのです。

いきものデータ

- □**名前**　モンハナシャコ
- □**分類**　甲殻類
- □**生息地**　相模湾以南、台湾、東南アジア、ミクロネシア、インド洋
- □**大きさ**　全長15cm

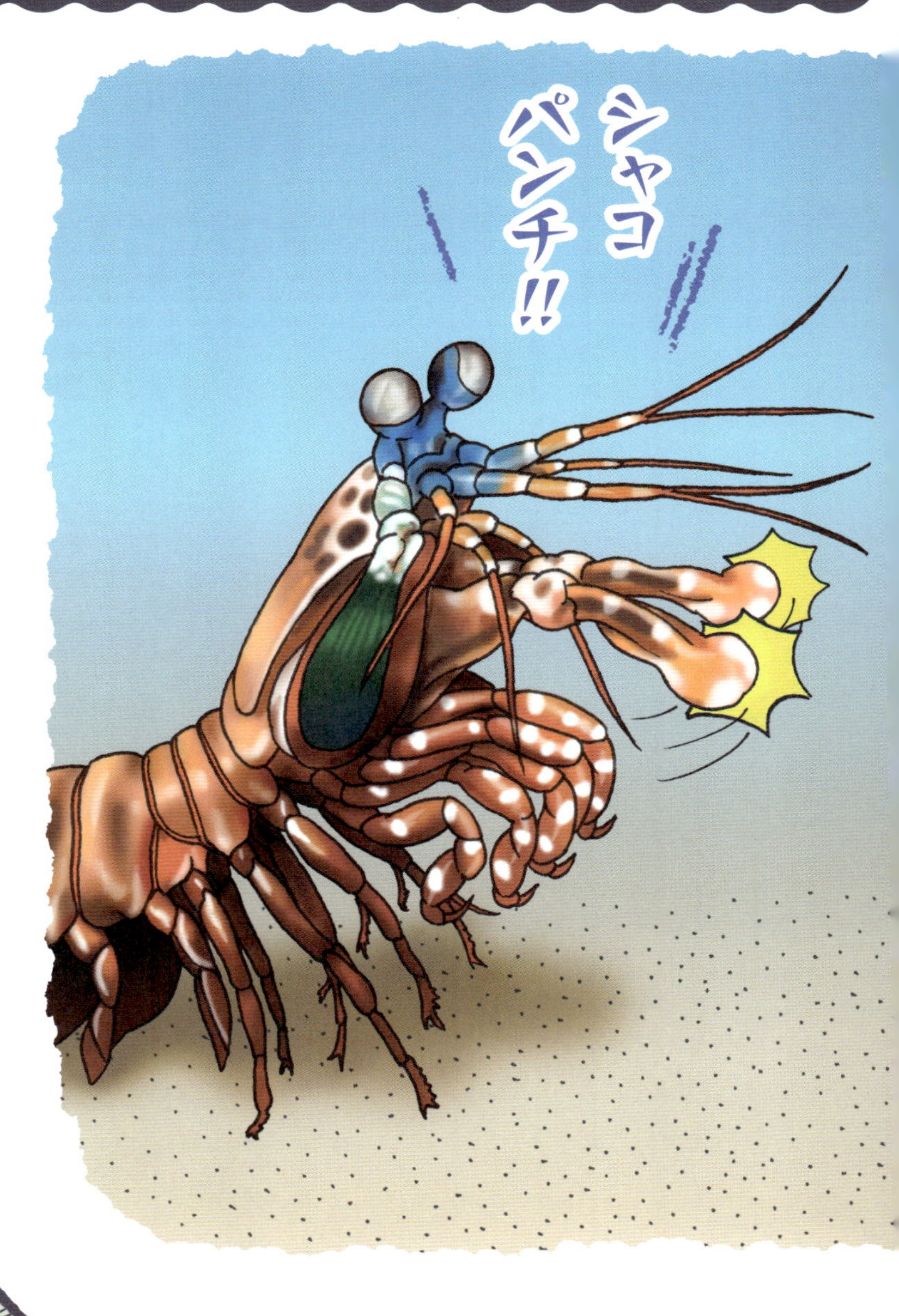
シャコパンチ!!

毒が使える唯一のサル。若いスローロリスほど、超危険！

毒をもつ唯一のサルがスローロリス。毒は腕のリンパ節から分泌され、下あごのクシの歯状の前歯でここをしごくことで唾液にも毒が混ざります。だから噛みつかれると非常に危険なのです。

そのスローロリスですが、もっとも危険なのは若い個体。2歳までの個体は、猛烈に攻撃的。しかし、その年齢をこえるとおとなしくなって、外敵から身を守る最初の方法は、周りの木々の保護色によって隠れること。

若い個体が暴れるのは、自分の縄張りを作るためといわれています。同じ種でも攻撃して勢力範囲を確保するのです。若い個体ほど顔の輪郭がはっきりしているので、見たら注意です！

いきものデータ

- 名前　スローロリス
- 分類　ほ乳類
- 生息地　東南アジアの熱帯雨林
- 大きさ　体長27〜38cm

霊長類で
唯一の毒持ち

ひたすら獲物を食い続けないと死んでしまうトガリネズミ

唾液に毒を持っているトガリネズミがブラリナトガリネズミ。獲物の昆虫やミミズなどを唾液一滴でしとめます。さらに超音波で獲物の場所を察知する能力もあります。それほどの能力があるのは、トガリネズミがひたすら食べ続けないと死んでしまうから。トガリネズミはほ乳類で最も小さな動物、さらにエネルギーを蓄えられないため、食べるものがなくなると数時間で餓死してしまうほど。

さらに周りには、ミミズクやイタチなど天敵がたくさん。一気に敵をしとめないと、いつ自分がやられるかわかりません。危機一髪の世界に生きているのです。

いきものデータ

- □**名前**　ブラリナトガリネズミ
- □**分類**　ほ乳類
- □**生息地**　北アメリカ中部、東部の森林など
- □**大きさ**　体長9〜10cm

食べないと
死んじゃう！
せつ
せっ

満腹でも餓死することがある⁉

ナマケモノ

人間なら満腹になって「食いすぎた」とするのに1ヶ月もかかるのです。いいながら、ナマケモノのように寝転んでしまいますが、ナマケモノは本当に餓死します。ナマケモノは見たとおり、ゆったりと生きています。すべてに時間がかかります。それは消化も一緒。ナマケモノは消化を微生物に頼っていますが、食べ物を消化するのに1ヶ月もかかるのです。

そのため、お腹にたっぷりと食べ物がたまっていても、微生物の動きが悪いと、体に栄養がいきわたる前に餓死してしまうことがあります。たった1日、葉っぱ8g程度でお腹いっぱいになるのに、トホホですが、危機一髪なのです。

いきものデータ

- □**名前**　ノドチャミユビナマケモノ
- □**分類**　ほ乳類
- □**生息地**　中央から南アメリカの森林
- □**大きさ**　体長40～80cm

ただいま
食べ物消化中……

でかすぎて、四六時中食べてなければならないシロナガスクジラ

小さくて食べ続けなければ死んでしまう動物もいれば、逆にでかすぎて、四六時中食べていなければ死んでしまう動物もいます。

それが、生物界最大のいきものシロナガスクジラです。平均全長26m。体重1

いきものデータ

- □**名前** シロナガスクジラ
- □**分類** ほ乳類
- □**生息地** 世界中の海
- □**大きさ** 全長23～33m

90t。シロナガスクジラの主食はオキアミ。プランクトンです。26mもあるのに、食べるのはプランクトン。しかし食べる量は半端ではありません。大きな口を広げて、上あごにあるヒゲ板でこしとって食べる量が1日3・5t。オキアミの数でいうと4000万匹。かなりの量です。これを毎日、海洋を泳いで食べ続けないと死んでしまうのです。

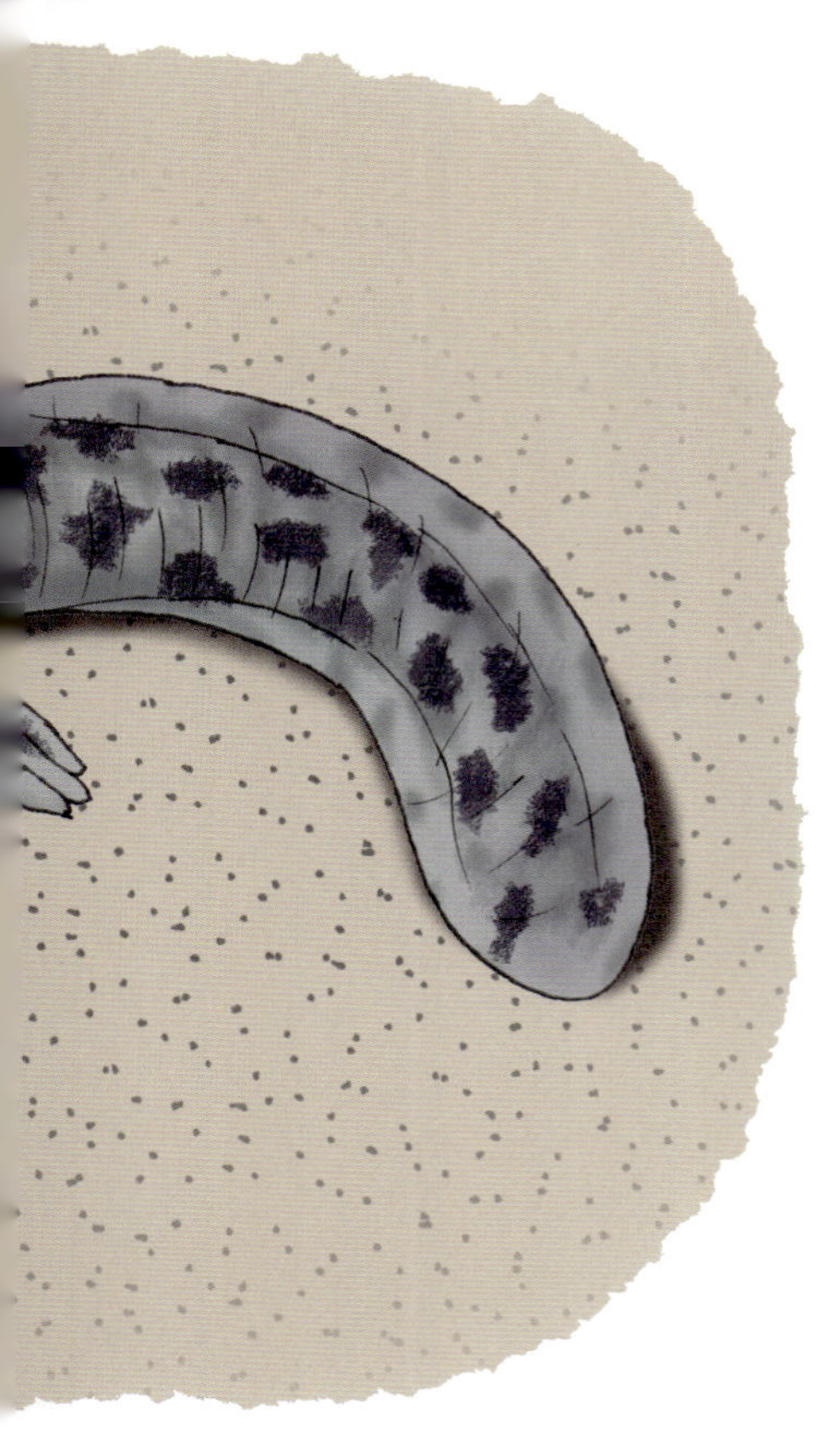

脅威の防御！ 肋骨で危機を回避！

イベリアトゲイモリ

このイベリアトゲイモリは、映画『X-men』のウルヴァリンのように、外敵に強くつかまれたり、襲われたりすると皮膚を突き破って肋骨の先端がでてきます。そして、外敵に対して防御行動をとるのです。

いきものデータ

- □**名前** イベリアトゲイモリ
- □**分類** は虫類
- □**生息地** イベリア半島南部からモロッコ
- □**大きさ** 全長15～30cm

肋骨が突出する部分には、オレンジ色のイボが並んでいるので、以前はそのイボの穴から肋骨が出てくると思われていました。しかし、研究の結果、体の中で肋骨を回転させ、まさしく肋骨が、皮膚を突き破ってでてくるのです。

でも、大丈夫。非常に高い免疫能力のために傷はすぐに癒えてしまいます。その点も、ウルヴァリンと同じですね。

コラム　進化の謎④

人間って進化した動物、それとも退化した動物？

私たち人間は、傲慢にも、地球上で一番進化した動物だと思っています。７００万年前に直立二足歩行を始め、４００万年前から森を出て、２５０万年前から道具を使うようになりました。

その後、人間は農業を始め、文明を築いてきました。

そして、いまや地球上に人間の行けない場所はほぼないといっていいほどです。確かに、地球上で一番進化した動物といえるかもしれません。

人間の能力などたかがしれたもの

しかし、どうでしょう。マッコウクジラは３０００ｍもぐれるのに、人間はせいぜい１００ｍです。チーターは時速１１３㎞ですが、人間はどれだけ頑張っても45㎞です。どっちが進化しているといえるのでしょうか。

そもそも、人間は森から出たというより、森から追い出されたのではないか、という説も強くあります。というのも、動物は自分の住み慣れたところを離れるのはかなり勇気がいるからです。

さらに、森は平原に比べて安全です。森ならば、木々が邪魔して天敵から見つかりにくいのです。さらに、木々には葉や果実がおおい茂っています。食べ物も豊富にあります。木に登れば、遠くを見渡して獲物も見つけられます。

でも、人間は二足歩行にな

って、平原に下りました。このコラムの絵を見てください。人間の子どもとオラウータンの子どもがそっくりです。オラウータンは森の賢者といわれます。子どもは大きくなって毛が長くなり、腕も長くなりますが、人間はそれほど大きな変化はありません。

　人間はサルのネオテニーだといわれます。ネオテニーとは幼体のまま大きくなることです。この絵を見るとまさにそのとおりだと思います。森の賢者は、おとなになると見た目が変わるのに人間は変わっているようには見えません。

多くのいきものを絶滅させた人間

はたして、それは進化なのか、退化なのか。森に残って森の賢者といわれるオラウータンと、森から出て、あるいは追い出されて平原で裸になった人間とどちらが進化なのか、わかりません。

　いや、脳が進化したんだという人もいるでしょう。確かにそうかもしれません。しかし、他の部分はどうですか。猫より耳も目も鼻も悪いです。人間は二足歩行だから躓くし、腰は痛くなるし、心臓の血管は詰まるし、腸は下がってくるし、果たして、進化はうまくいったのでしょうか。

　そんな人間が多くのいきものを絶滅させて来ました。人間にそんな資格はあったといえるのでしょうか。しっかり考えるべきでしょう。

第5章

進化の不思議、なぜそうなるの？

進化は不思議です。
なかなか何でそうなるのか、
想像つかないいきものも多くいます。
そんないきものの不思議に迫る章です。

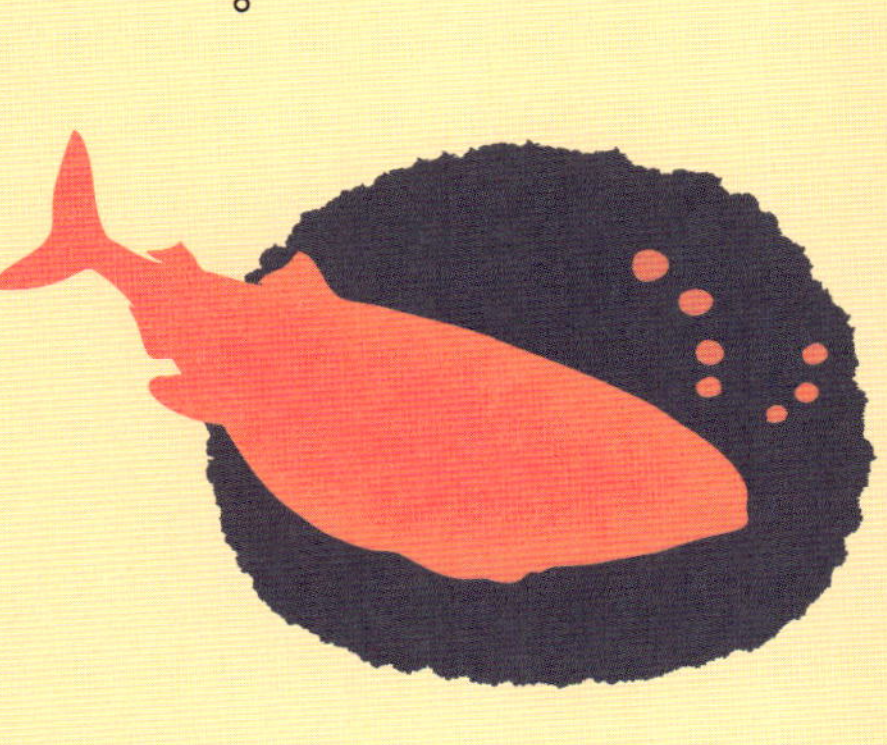

海底を歩くために進化してしまったヒレ!? レッドハンドフィッシュ

いきものデータ

- 名前　レッドハンドフィッシュ
- 分類　魚類
- 生息地　オーストラリア南、タスマニア州近海
- 大きさ　全長約9cm

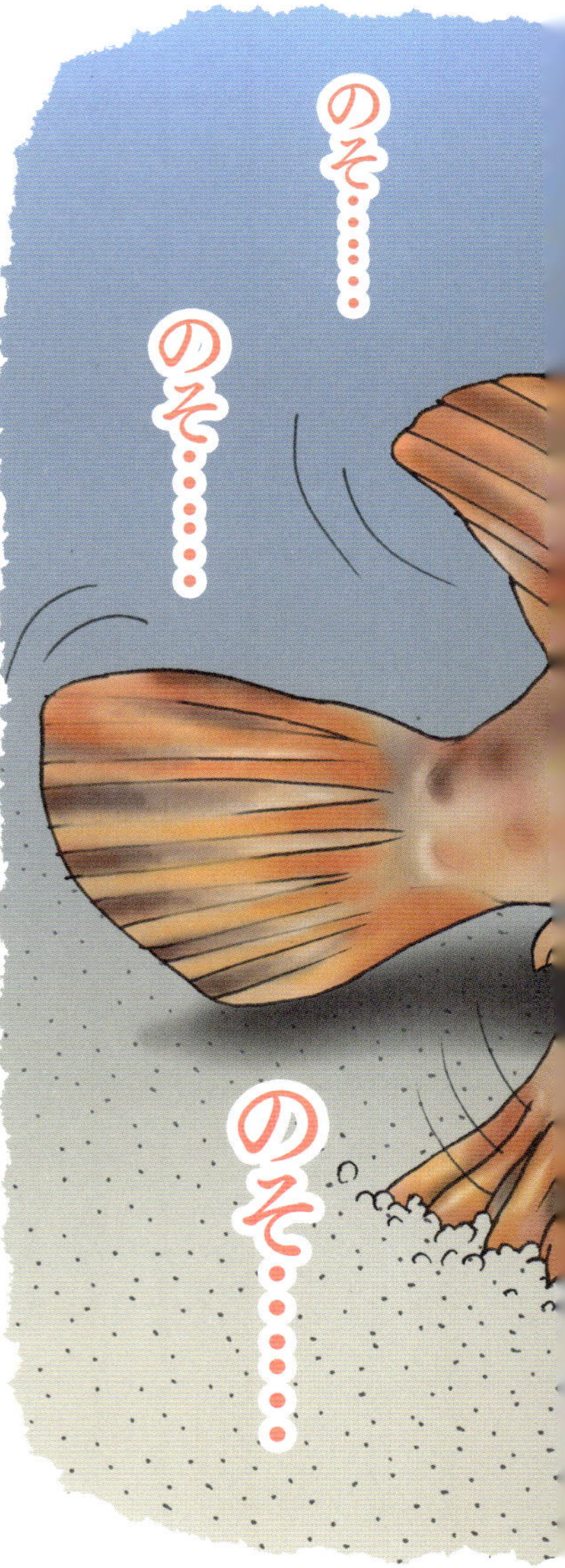

魚のヒレの謎を考えさせてくれる魚が、レッドハンドフィッシュです。多くの魚は尾ビレで推進力を得て水中を泳いでいきます。

しかし、オーストラリアのタスマニア州の海に生息するレッドハンドフィッシュは手のような後ろのヒレを交互に動かし、ゆったりと前に進んでいきます。前のヒレも交互に動くので、まるで四本足で歩いているよう。

レッドハンドフィッシュ以外にもヒレを使って歩くハンドフィッシュの仲間はいますが、このレッドハンドフィッシュは全身が赤い色で、非常に印象的です。発見例も少なく、世界で最も希少な魚のひとつなのです。

威嚇するために進化!? 青い舌のマツカサトカゲ

全身がうろこで覆われていて、松ぼっくりにみえるところからマツカサトカゲと呼ばれます。オーストラリアの固有種で全長が30㎝程度のトカゲ。あたまも尻尾も同じようなかたちですが、天敵に襲われるとど

いきものデータ

□名前　マツカサトカゲ
□分類　は虫類
□生息地　オーストラリア南部
□大きさ　全長30～35cm

っちかすぐにわかります。
それは舌。天敵に襲われると口を大きく開けて青い舌を見せます。そして、噴気音を出して威嚇するのです。天敵は青い舌にびっくりして退散します。
天敵は野生の犬やオオトカゲ、イヌワシなどです。ちなみに移動する速度はトカゲのなかでは非常に遅くカメ並み。だからこそ青い舌が必要だったのかもしれません。

ツノの長さが体の4倍！なぜここまで長い？

オオナガトゲグモ

日本人なら誰もが見たことのあるコガネグモの一種です。ただし、このオオナガトゲグモは日本には生息しておらず、インド・ボルネオ・中国にいるクモです。

最大の特徴は長すぎる二本のツノ（トゲ）。体長に比して極端に長く、なかには4倍近くもある個体もいます。では、なんでこんなに長いツノを持つのでしょうか。

実ははっきりしません。このクモについては研究があまり進んでいないのです。ただし、説としては、天敵などに対する、攻撃されないための抑止力なのではないかといわれています。さて、本当のところはどうなのでしょうか？

いきものデータ

- □**名前**　オオナガトゲグモ
- □**分類**　クモ類
- □**生息地**　インド・ボルネオ・中国
- □**大きさ**　体長1cm程度（ツノ含まず）

長いツノがチャームポイント♪

世界で唯一、水中で生活をするクモ！

ミズグモ

ミズグモは、世界で唯一、水中で生活をするクモです。水に入るクモはいますが、水の中で生活するクモは、このクモだけ。その不思議さは、自らの周りに空気の空間を作ること。人間であれば、潜水艦を作ってしまうようなもの。この空間が巣になるわけですが、作り方は、自ら出す糸を重ねて空気が出ないよう膜を作ります。そこに空気をためるのです。空気は水面に出て、自らの脚の毛で包み込むように空気をつかみ、それを巣に入れます。

ミズグモは、巣の中に獲物を持ってきて食べ、休みます。誰にも邪魔されない？快適な空間なのです。

いきものデータ

□**名前**　ミズグモ
□**分類**　クモ類
□**生息地**　ヨーロッパからアジア、日本では北海道、本州、九州
□**大きさ**　体長8〜13mm

快適♪

超長寿で超低速の不思議なサメ！ ニシオンデンザメ

いきものデータ

- 名前　ニシオンデンザメ
- 分類　魚類
- 生息地　北極海、北大西洋
- 大きさ　全長7.3m

世界一長生きの動物は507歳まで生きたアイスランドガイ。しかし、このいきものは無脊椎動物です。脊椎動物としてもっとも高齢だったのは、ニシオンデンザメ。推定平均寿命が272歳。中には392歳で死んだサメもいました。

このサメは成長が非常に遅く、1年で1～2㎝ほどしか大きくなりません。成体が5mにもなりますから、大人になるまでに最低でも150年以上はかかります。そして、このサメのもうひとつの特徴が、非常に低速であることです。陸上を歩くカメ並みの時速1㎞。ゆったり生きるのが長生きの秘訣？　かもしれません。

毒をもつシマキンチャクフグに擬態ノコギリハギ

擬態する動物は多くいます。この本でも、いくつかの動物を紹介していますが、そのなかでもとても賢い擬態をするのが、このノコギリハギです。なんで、そんな擬態ができるのか不思議になります。

このノコギリハギは、毒をもつシマキンチャクフグに擬態します。そもそも外見が似ているのですが、フグのように少しですがお腹も膨らませることができるのです。通常の擬態は木や岩などに擬態して、天敵に見つからないようにしたり、隠れて獲物を捕まえたりします。このハギは敵から襲われないように毒をもつフグに擬態したのです。賢いですね。

いきものデータ

- □**名前**　ノコギリハギ
- □**分類**　魚類
- □**生息地**　静岡県〜高知県、愛媛県、屋久島、琉球列島など、西・中央太平洋、インド洋
- □**大きさ**　体長8cm〜10cm

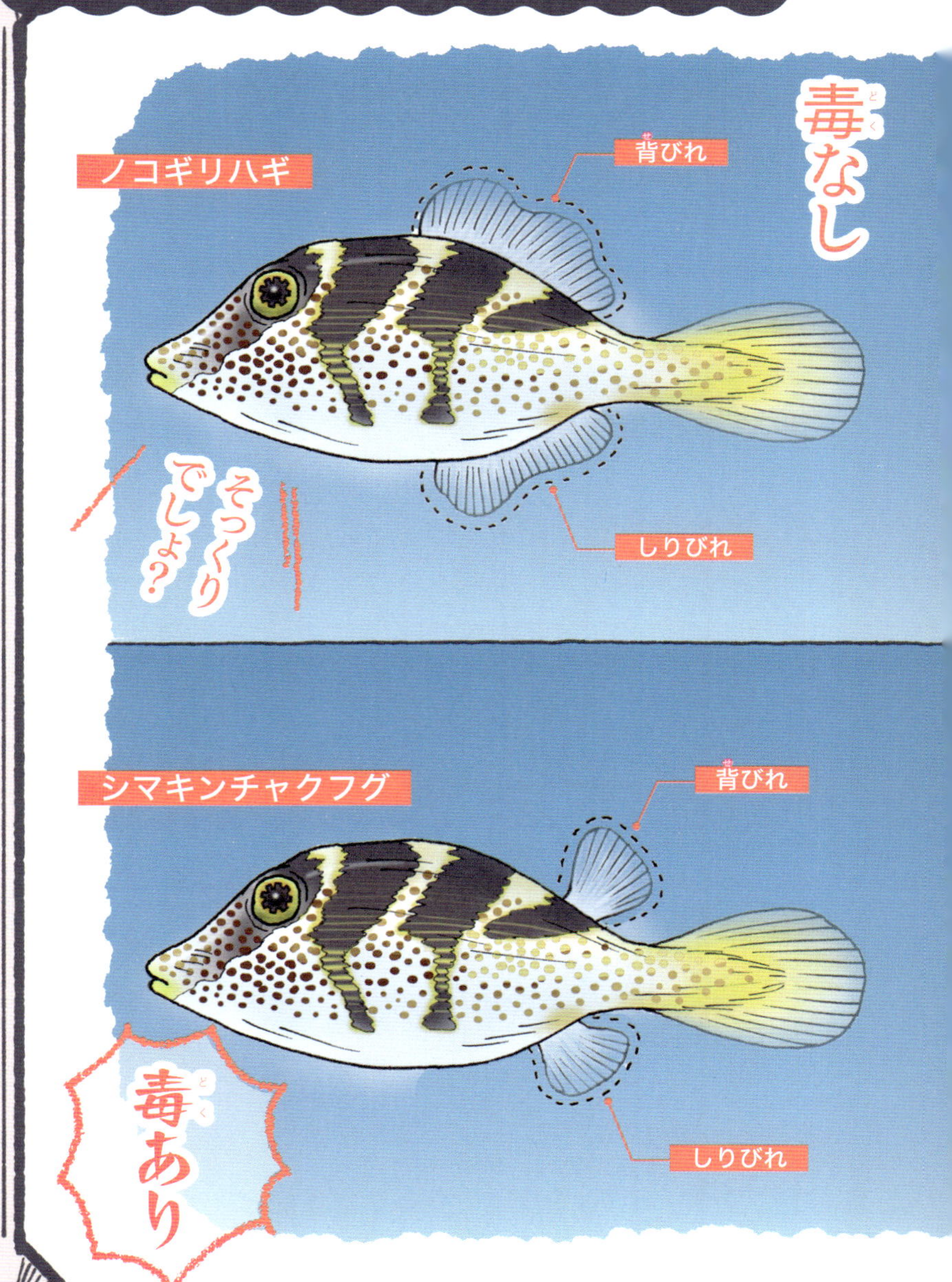
毒なし
ノコギリハギ
背びれ
しりびれ
そっくりでしょ？
シマキンチャクフグ
背びれ
しりびれ
毒あり

カエルだって空を飛びます！
ウォーレストビガエル

人間は飛行機を作って空を飛ぶことができるようになりました。モモンガは前脚と後脚の間にある飛膜を使って滑空します。カエルだって、「空を飛びたい」と思ったかは知りませんが、ウォーレストビガエル

いきものデータ

- **名前**　ウォーレストビガエル
- **分類**　両生類
- **生息地**　タイ半島部からマレー半島、スマトラ島、ボルネオ島
- **大きさ**　最大で体長　オス8.9cm　メス10cm

は滑空します。

　とても長い指の間に広い水かきがあり、それをモモンガの飛膜のように広げて滑空します。木から木へ15m以上も飛ぶカエルもいます。ここまでくると、脚を使ったジャンプではありません。もともと鳥は恐竜でした。恐竜の中には腕や脚や指の間に飛膜を持ち、それを使って飛ぶものもいました。いずれカエルも空を飛ぶかもしれません。

氷河も虫がいた！セッケイカワゲラ

長野県伊那市では、幼虫をざざむしとして食するカワゲラ。セッケイカワゲラはこのなかまですが、翅がありません。

このセッケイカワゲラは氷河や雪山に生息しています。体長は約1㎝で、真っ黒です。このセッケイカワゲラは多くの虫とはまったく違っていて、暑いと死んでしまいます。活動できる温度がマイナス10度からプラス10度です。人間の手のひらに乗っけると人間の体温で動けなくなるほどです。他の虫の活動できなくなる冷蔵庫の温度が最適なのです。

ちなみに、俳句では雪虫として春の季語になっているほど雪になじんだ虫なのです。

いきものデータ

- 名前　セッケイカワゲラ
- 分類　昆虫類
- 生息地　北海道、本州
- 大きさ　体長10mm

寒くても
へっちゃら

獲物を気絶させるため？イッカクの長く伸びすぎた牙の秘密

イッカクの長い角は永遠のなぞです。つい最近までは、オス同士が闘うときの武器や感覚器官としての役割という説が有力でした。しかし、最近、獲物の魚をたたいて気絶させるシーンが撮影されたのです。

いきものデータ

- □名前　イッカク
- □分類　ほ乳類
- □生息地　北極海
- □大きさ　体長４～4.7m

角に見えるイッカクのとんがりは牙です。オスにとんがりは長さ3m、重さは最大10kgになります。牙なので、それを食事に使うというのは納得できます。しかし、あんなに長く重い牙を使うより、もっと方法があったのではと思ってしまいますが、どうなのでしょう。ちなみに長い牙はオスだけ。メスはどうやって獲物の魚をとっているのか謎なのです。

サバンナなのに白いライオン⁉なぜ生まれるの？

ホッキョクグマなどのように、白い動物は寒く雪のある地域にいます。それは雪が保護色になって天敵に見つかりにくいからです。
ライオンは暑いサバンナにいます。なのに、白いライオンが生まれることがあ

いきものデータ

□名前　ライオン
□分類　ほ乳類
□生息地　アフリカ、インド
□大きさ　体長1.5～3m

いつ氷河期がきても大丈夫（キリッ）

ります。白い動物はアルビノといわれる遺伝子のなせる業。そして、その遺伝子は氷河期にそなえて存在しているといわれます。

地球はいままでなんども氷河期がきて白い世界になりました。そのときは白い動物しか生き残れません。しかも、いつ氷河期がくるかわかりません。そこでときどき遺伝子が白い動物を生み出すのです。不思議なものです。

理由はイカ大好き！ マッコウクジラ 3000メートル以上潜るわけ

実はイカが大好き！ なのがマッコウクジラです。一番の主食はクラゲイカ。深海の500～900mのところにいるイカです。イカの多くは深海にいます。特に巨大軟体動物は動きが鈍いので天敵の少ない深海

いきものデータ

□名前　マッコウクジラ
□分類　ほ乳類
□生息地　世界中の海
□大きさ　体長12～19m

に漂っているのです。その代表がダイオウイカ。大きさ6～18m。かなり深い海にいますが、その生態はいまだに謎を秘めています。

マッコウクジラはそれらイカなどをもとめて、とことん潜水能力を高めたといわれています。全身の筋肉に大量の酸素を蓄え、1時間でも潜ることができます。深さ3200m、11 2分も潜水していた記録があります。

殺しても死なない？　心臓も再生する？　メキシコサンショウウオ

別名、その姿が可愛いと大評判になったウーパールーパーのことです。ウーパールーパーは、19世紀後半から非常に高い再生能力で知られ、研究されてきました。手足を切られても、共食いにあっても再生するだけではなく、眼も脊椎までも再生できるのです。さらに、心臓も再生できるという説もあるぐらいです。

では、なぜ、それほどの再生能力を持つのか？　残念なことに、それはまだ解明できていませんが、遺伝子がかかわっているのではないかと推測されています。そうであれば、このサンショウウオの遺伝子で人間も心臓が再生できるかもしれません。

いきものデータ

- □**名前**　メキシコサンショウウオ（幼形成熟した個体はアホトロール）
- □**分類**　両生類
- □**生息地**　メキシコ原産
- □**大きさ**　全長20～30cm

まあ、また生えてくるから……
1か月後

超器用！イルカの半球睡眠の術！

たとえば右目を閉じて左脳を眠らせます。次に左目を閉じて右脳を眠らせます。これを回転しながらするのが、イルカの半球睡眠の術です。1日300回転。5時間ほどの睡眠です。

ただし、水族館のイルカはプカプカ浮いて寝ます。それは天敵がいないから。半球睡眠は眠りながらでも呼吸する必要があり、さらにシャチなどの襲撃に備えているからです。イルカには体を弛緩させてしまうレム睡眠もありません。弛緩してしまうと敵に襲われたとき、すぐに逃げられません。さらに、子どものいるイルカは、回転して寝ていても、必ず子どものほうの目を開けています。片時も眼を離さない、すごい術です。

いきものデータ

- □**名前**　バンドウイルカ
- □**分類**　ほ乳類
- □**生息地**　寒帯を除く世界中の海
- □**大きさ**　全長2.3～3.9m

脳は寝てる
脳は起きてる
器用すぎる睡眠法

ぐっすり眠るのはわずか20分！キリンの睡眠の秘密

イルカが半球睡眠なら、キリンの睡眠時間は超短い。睡眠時間は1～2時間くらいで、そのうち身を縮めてぐっすり眠るのは、わずか20分ほど。睡眠時間が短い理由のひとつは食事の量。巨大な体を維持するために、睡眠時間を削って大量の草を食べ続けなければなりません。

それに、肉食動物に狙われるため、常に警戒する必要があります。そのため、熟睡はさけ、いつでも逃げられるように立ったまま寝ます。さらに、キリンは脳細胞の代謝率が低いため、睡眠で脳細胞を修復する必要があまりないのです。高代謝な、人間にはできない睡眠法なのです。

いきものデータ

- □**名前** キリン
- □**分類** ほ乳類
- □**生息地** サハラ砂漠以南のサバンナ
- □**大きさ** 体長（高さ）3.8～5.7m

この姿勢は20分間だけ
Z
Z
z

おわりに
絶滅しないように、いきものを大切にしよう

生命が地球に誕生して以来、絶滅したいきものの種は膨大な数に上ります。いきものが絶滅する理由は様々ですが、基本的にいえるのは進化のいきすぎです。この本で紹介したいきものたちも、かなり進化しすぎていますから、もしかすると、いきすぎに近いかもしれません。しかし、いきすぎていても、環境がそれに対応できていれば、生き残れる可能性はあります。

ただし、環境を超えて、いきすぎてしまうと、絶滅の危機を迎えます。いきものは大きくなることで、敵に勝ち、生き抜いていくことができますが、大きくなりすぎると、獲物や食料がなくなって逆に生命の危機を迎えます。

いきすぎは危険なのです。でも、いきすぎた種は危険でも、それに代わる、いきすぎていない種がいれば、近い種は生き残っていけます。環境が変わってもそれに適

応できる種がいれば、その種は生き残っていけるのです。しかし、一種類しかいなければ、絶滅の危機を迎えます。

恐竜がその典型です。恐竜の絶滅は地球に巨大隕石が衝突したことが大きな要因です。しかし、もっと根が深い要因もあります。それが多様化の喪失です。

地球に隕石がぶつかる前に、恐竜の種類が減っていたのです。そのため、隕石の衝突による地球の劇的な環境変化に、耐えうる恐竜の種がいなくなっていたといわれています。それでも、恐竜は鳥類を残しました。恐竜は鳥の祖先なのです。

現在、鳥も多くの種がいます。しかし、その多くが絶滅の危機に瀕しています。その原因のほとんどが人間なのです。乱獲、環境破壊、生息地の開発などなどで、多くのいきものの種を絶滅に追い込んできました。そのうち、それは人間にはねかえってくるでしょう。

この本で、多様ないきものの驚異を紹介してきました。その驚異がいつまでもあるようにしていきたいものです。

主な参考文献

■『小学館の図鑑 NEO〔新版〕動物』（2018　小学館）

■『小学館の図鑑 NEO〔新版〕鳥　恐竜の子孫たち』（2018　小学館）

■『小学館の図鑑 NEO〔新版〕昆虫』（2015　小学館）

■『小学館の図鑑 NEO〔新版〕魚』（2016　小学館）

■『小学館の図鑑 NEO〔新版〕両生類　はちゅう類』（2017　小学館）

■『講談社の動く図鑑 MOVE 動物〔新訂版〕』（2018　講談社）

■『講談社の動く図鑑 MOVE 鳥』（2017　講談社）

■『講談社の動く図鑑 MOVE 魚〔新訂版〕』（2018　講談社）

■『講談社の動く図鑑 MOVE 水の中の生きもの』（2018　講談社）

■『日本のクモ』（2006　新海栄一著　文一総合出版）

HP

■『ナショナル ジオグラフィック』

■『Wikipedia』

STAFF PROFILE

監修

今泉忠明（いまいずみ・ただあき）

動物学者。1944年、東京都生まれ。東京水産大学（現・東京海洋大学）卒業、国立科学博物館で哺乳類の分類学・生態学を学び、文部省（現・文部科学省）の国際生物学事業計画調査、環境庁（現・環境省）のイリオモテヤマネコの生態調査に参加。上野動物園の動物解説員を経て、静岡県の「ねこの博物館」館長。主な著書、監修書に『世界の野生ネコ』（学研パブリッシング）、『ずるい いきもの図鑑』『それでもがんばる! どんまいな犬と猫図鑑』（共に宝島社）などがある。

イラスト

森松輝夫（もりまつ・てるお）/アフロ

1954年、静岡県周智郡森町生まれ。広告制作会社にデザイナーとして勤務後、1985年よりフリーとなり、現在は、株式会社アフロに所属。カレンダーやポスター、表紙のイラストを手がける。『おとなの塗り絵めぐり』『筆ペンで描く鳥獣戯画』『美しい花たち』『可憐な花たち』『ずるい いきもの図鑑』（すべて宝島社）でのイラスト、塗り絵線画描き下ろしなど、好評を博す。国内外を問わず幅広い媒体で作品が使用されている。

編集　小林大作、池田双葉、前田直子
デザイン　妹尾善史（landfish）
フォーマット　藤牧朝子
DTP　㈱ユニオンワークス
協力　北見一夫（アフロ）

やりすぎ いきもの図鑑

2019年8月12日　第1刷発行

監　修　今泉忠明
発行人　蓮見清一
発行所　株式会社宝島社
〒102-8388　東京都千代田区一番町25番地
営業：03-3234-4621
編集：03-3239-0927
https://tkj.jp
印刷・製本　株式会社廣済堂

ISBN978-4-8002-9669-6